变压器故障的多参数智能诊断方法

Intelligent Diagnosing of Transformer Faults Based on Data of Multiple Detecting Devices

朱永利　王　艳　李　莉　黄建才　著

科学出版社

北　京

内 容 简 介

变压器故障引发的系统事故和停电后果十分严重。目前，大型变压器通常都配有油色谱在线监测手段，并辅以多种离线检测手段，电力企业迫切需要对不同手段所测得的数据进行综合分析和智能诊断。本书是作者多年来对变压器故障智能诊断方法研究的理论和技术的总结。本书首先介绍变压器的常见故障及常用监测/检测手段，以及基于多监测参量融合诊断的诊断框架；然后讲述非平稳信号的典型分析与处理方法；接下来分别论述基于油色谱数据、振动信号、宽频带脉冲电流信号以及超声信号等单一手段的变压器故障智能诊断方法；最后阐述变压器多检测手段的融合诊断方法，并给出变压器故障诊断系统的实现方法。

本书既适合从事智能诊断研究和教学的科研工作者参考，也适合从事变压器检修和运行的人员阅读。

图书在版编目(CIP)数据

变压器故障的多参数智能诊断方法= Intelligent Diagnosing of Transformer Faults Based on Data of Multiple Detecting Devices /朱永利等著. — 北京：科学出版社，2018.3

ISBN 978-7-03-056636-2

Ⅰ. ①变… Ⅱ. ①朱… Ⅲ. ①变压器故障—故障诊断 Ⅳ. ①TM407

中国版本图书馆CIP数据核字(2018)第038167号

责任编辑：范运年 王楠楠 / 责任校对：郭瑞芝
责任印制：师艳茹 / 封面设计：铭轩堂

科 学 出 版 社 出版
北京东黄城根北街 16 号
邮政编码：100717
http://www.sciencep.com
新科印刷有限公司 印刷
科学出版社发行 各地新华书店经销

*

2018年3月第 一 版 开本：720×1000 1/16
2018年3月第一次印刷 印张：12 3/4
字数：257 000

定价：98.00 元

(如有印装质量问题，我社负责调换)

前　言

随着电网规模的扩大，大型变压器日益增多。另外，大型变压器故障引发的系统事故和停电的后果更为严重，所以对其进行在线监测和离线检测更为重要。大型变压器一般配有多种在线监测和离线检测手段，不同的监测/检测手段所测得的数据或信号可以从不同方面反映变压器的状态特征。变压器的故障原因和现象复杂，信息特征的局限性及诊断知识的不完备性等都会导致基于单一监测手段的诊断的结论存在一定的片面性乃至错误。因此，有必要开展基于多种监测/检测手段的综合诊断，从多个角度对变压器状态进行综合分析，必要时对多个独立监测/检测装置提供的相互矛盾的诊断结果进行甄别，以提高诊断的正确率。

作者所在课题组多年来一直在对变压器故障的智能诊断方法进行坚持不懈的研究，本书主要内容是作者对已完成的国家电网公司浙北-福州特高压交流输变电工程第一批变电专项研究课题——"基于多监测参数的特高压变压器故障综合诊断系统研究"（SGZJ0000JJJS1400482）的理论和技术的总结。为让不熟悉非平稳信号特征提取方法的读者读懂此书，本书首先讲述非平稳信号的典型分析与处理方法，然后论述基于油色谱数据、振动信号、宽频带脉冲电流信号以及超声信号等单一手段的变压器故障诊断方法，最后阐述变压器多检测手段的融合诊断方法，并给出变压器故障诊断系统的实现方法。希望本书能对相关人员有所帮助。

本书共 7 章。第 1 章介绍变压器的常见故障及常用监测/检测手段，以及基于多监测参量融合诊断的意义与诊断框架；第 2 章介绍连续型非平稳监测信号的典型分析和处理方法；第 3 章针对变压器油色谱分析，提出基于相关向量机的油色谱变压器智能故障诊断方法；第 4 章阐述变压器振动信号的特征提取和故障诊断方法；第 5 章提出变压器宽频带脉冲电流信号的特征提取和放电类型识别新方法；第 6 章介绍基于超声信号的变压器绝缘放电故障诊断方法；第 7 章在前面单监测/检测参量诊断基础上，论述变压器多监测/检测手段的融合诊断方法，介绍融合诊断系统的构建。

本书第 1 章由朱永利和王艳撰写，第 2 章由黄建才撰写，第 3 章和第 7 章由王艳撰写，第 4 章由李莉撰写，第 5 章和第 6 章由朱永利撰写。

本书得到了保定天威新域科技发展有限公司的大力帮助，该公司提供了若干现场案例实测数据。国网浙江省电力公司检修分公司对本书作者研发的变压器故障诊断系统提出了一些宝贵的改进意见和建议。本书撰写过程中，作者课题组的博士研究生王刘旺和贾亚飞等撰写了第 5 章和第 6 章的初稿,为课题研究和本书撰写作出了重要贡献。在此,作者对他们表示衷心的感谢。

本书的相关研究和出版还得益于国家自然科学基金(项目编号:51677072)的资助,特表感谢。

由于作者水平有限,书中难免有不足之处,恳请广大读者与专家批评指正。

朱永利

2017 年 10 月于华北电力大学

目　录

第1章 绪 论

1.1 引 言

随着我国电力系统向基于特高压的全国互联电网方向迈进，特高压和超高压变压器的数量和容量不断提升，2011年我国在世界上首次研制成功特高压100万千伏安双柱变压器[1]。变压器是电网中最重要且昂贵的电气设备，其健康状况直接对电力系统具有重大影响。

为确保电力系统的安全稳定运行，对电力变压器进行合适的维修维护是必不可少的，电力变压器的维修包括事故后维修、定期维修和状态维修[2, 3]。以状态监测为基础、状态评估方法为辅助的状态维修是电力变压器运行维修的发展方向。

目前，变压器大多安装了油色谱在线监测装置，检修部门还配备了多种带电或停电检测装置，如脉冲电流(常规和宽频带)、超高频、振动、超声波和其他局部放电检测等，但各种监测/检测装置仅能利用自身的监测/检测结果给出变压器的初步状态判断，甚至有些装置尚不具备这种诊断功能。我国电网正处于输变电设备状态监测数据中心的建设和完善阶段，监测中心积累的变压器监测数据越来越多，基于这些监测数据对于变压器开展较准确的故障诊断，有利于及时发现变压器的早期缺陷或故障，防止故障发展为严重的电网事故。基于这一电力企业需求，有必要对变压器的多种监测/检测装置所测数据进行智能分析。

变压器运行涉及机械、电气、化学、热力学等多种现象，其故障特征信息具有不精确和多样化等特征，且故障与故障、故障与特征量之间存在较为复杂的联系，导致最终故障类型的准确判定不易实现。基于单个参量监测/检测的故障诊断很难得到准确的结果，例如，油色谱监测数据是目前对油浸式变压器进行故障监测最方便和应用最广泛的手段，但这种监测/检测不能发现放电微弱的早期绝缘放电故障，且不能区分尖端、金属悬浮等放电类型，因此仅依靠油中气体提供的信息进行故障诊断具有一定的局限性。局部放电监测/检测和变压器振动信号等往往也只反映变压器的某种局部状态，因此急需开展基于多种监测/检测参量的综合诊断的研究和应用。作为一个复杂的综合体，变压器出现异常状况时，会出现一些故障征兆，充分地将变压器的故障征兆信息加以利用，并将多层次、多方位的故障特征包含的信息进行互补融合，可以从多个角度对变压器状态进行诊断分析，提高诊断的正确率，同时减少现有独立监测/检测装置有时提供相互矛盾的诊断结果的现象。

1.2　变压器常见故障类型

当变压器发生故障时，无论是内部故障还是外部故障，其产生的异常现象都会通过声音、气味、变压器油箱外壳发热程度(触觉)和变压器外部保护装置等形式表现出来。变压器的故障类型是多种多样的，引起故障的原因也是极为复杂的。概括而言，制造缺陷、现场安装质量缺陷、维护管理不善或不充分等都可能引起变压器内部故障甚至事故。按故障性质一般分为热故障和电故障；按变压器本体可以分为内部故障和外部故障；按回路可以分为电路故障、磁路故障和油路故障。

1) 磁路故障

通常变压器磁路中的故障由如下原因引起。

(1) 穿芯螺栓的绝缘管太短或者被击穿、破损、位移，可能引起铁心硅钢片局部短路，从而产生较大的局部涡流；如果两个以上穿芯螺栓出现这种情况，则将通过螺杆形成短路匝，并将通过几乎从芯柱到铁轭的全部主磁通而发生严重过热，甚至可以烧毁整个铁心。这种过热也可能烧焦线段的绝缘，并导致相邻绕组匝间短路。

(2) 铁心硅钢片间的绝缘老化、损坏，会产生循环涡流，并因此而过热，也将危及铁心和绕组的安全。

(3) 在加工过程中，铁心和铁轭叠片边缘存在毛刺，可以使铁心叠片产生局部短路；铁心叠片夹有金属杂质或叠片产生微小弯折，会形成局部涡流；运行过程中，某些原因使铁心油道局部堵塞。所有这些情况，都会使铁心引起局部过热。

(4) 当铁心上的铁轭采取对接结构时，若铁心柱与铁轭之间的接缝不良，则可能会产生严重的涡流而导致过热。

(5) 铁心内部接地片太长，易搭接在铁心硅钢片上，使之局部短路，引起局部过热，严重时甚至熔断接地铜片，继而形成悬浮电位放电。

(6) 当变压器的金属开口压板钉之间的绝缘破损或位移时，两侧压钉与压板之间会形成金属性连接回路，产生很大的短路环流，造成严重过热现象。

(7) 由于变压器内部铁心屏蔽，低压套管尾部磁屏蔽板和油箱内壁磁屏蔽等屏蔽措施不当，从而可能使某些金属结构处于漏磁场中，造成严重的局部过热故障。

(8) 铁心多点接地故障。这是变压器中最常见的故障，在变压器各类故障中占相当大的比例。

2) 绕组故障损坏

绕组故障损坏的原因是极其复杂的，而且各种原因是相互影响的。最常见的故障损坏原因归结如下。

(1) 现代大型变压器普遍采用纠结式或纠连式绕组结构。这种结构焊接头多，如果连线和段间纠结线接头接触不良，则会造成局部过热故障，并使其匝绝缘遭受热破坏，引起匝间或段间短路故障。

(2) 当变压器受到外部短路冲击，特别是近区出口短路冲击\，绕组某一段的一匝或多匝导线可能发生错位，即使这种错位不一定马上发生击穿事故，但在变压器运行中电磁力产生的振动也会使铁心螺栓松动；当变压器反复遭受严重电磁力冲击时，相邻错位线匝间的绝缘被磨损也可能导致击穿，从而发生绕组错位，进而变形损坏。

(3) 绕组导线质量不良，导致相邻匝直接接触，从而造成匝间短路。这种损坏多见于高压绕组。

(4) 变压器绕组是以绝缘垫块隔开线段而构成的整体结构，如果大型变压器绕组的轴向压紧力的裕度不足，绝缘垫的弹性作用会削弱，严重影响绕组的整体性。这时在变压器带负荷期间，电磁力所产生的振动，将可能使绕组的某些导线错位，随之可能发生匝间短路。

(5) 当变压器受到电应力或磁应力的强烈冲击，如变压器遭受某种程度的强烈负荷波动时，绕组是极容易发生损坏的。

(6) 变压器持续过负荷会引起变压器整体温度过高，从而加速绝缘劣化、变脆，最终可能导致绝缘龟裂、脱落，造成匝间短路，引起匝绝缘损坏。

(7) 在变压器需要改变电压而进行分接切换时，若外部操动机构的分接指示与内部接线不一致，造成分接错位，或者操作时分接调整不到位，将会产生绕组对地短路或绕组分接区大匝短路故障，从而导致绕组匝间损坏。

(8) 由于上部组件或联管有砂眼、储油柜或套管密封不良、吸湿器内的硅胶失效、油泵密封不良等原因而渗入水分或潮气，如果水分浸入绕组绝缘中但没有及时处理，会发生匝间短路而造成变压器损坏。

(9) 大型变压器由于绝缘结构上有薄弱环节和绝缘系统中存在气泡以及运行中绝缘受潮，可能发生围屏树枝状放电故障，最终导致绕组匝间短路，某些线段局部损坏。

3) 绝缘系统的故障损坏

绝缘系统的故障损坏的形式、部位和原因也是非常复杂的，通常有如下几种情况。

(1) 绝缘受潮是变压器绝缘系统损坏的重要原因。

(2)当变压器过负荷时间很长，且对绝缘油缺乏维护时，极易引起绝缘油老化，结果不仅加速变压器固体绝缘的老化，而且可以使油泥附着于线匣上，易于造成电气击穿。

(3)在变压器绝缘结构设计时，相间绝缘如果裕度不足，可能引起相间短路，从而造成绝缘系统故障。

(4)在变压器制造过程中，有时可能使绝缘成型件表面污染或者在其中吸附有气泡。表面污染会引起表面放电而使绝缘件失效。绝缘件吸附气泡，往往导致气体游离而使介质产生过热，导致绝缘击穿。

(5)在制造或现场更换绕组引线木支架及线夹、垫块时，若未对其进行充分的干燥和浸渍，水分的存在将导致分接引线与接地部分或分接引线之间的电气击穿。

4)变压器渗漏油原因

变压器渗漏油是一个长期和普遍存在的故障现象。据统计，在变压器故障中，产品渗漏油约占四分之一。变压器渗漏油危害极大，应引起足够的重视。引起渗漏油的原因包括以下几方面。

(1)变压器密封结构不良引起渗漏油。

(2)生产过程中焊接缺陷造成渗漏油。

(3)密封面瑕疵引起渗漏油。

(4)环境温度的影响、振动频率的加剧以及材料的热膨胀系数不同造成渗漏油。

1.3 变压器常用监测/检测手段

变压器通常采用矿物油(变压器油)作为绝缘和散热的媒质，采用绝缘纸和绝缘纸板来绝缘。变压器油为烃类化合物的混合物，绝缘纸及绝缘纸板为植物纤维素，它们均为碳氢化合物。在长时间运行中，这些化合物由于受电场、水分、温度、机械力的作用，会逐渐劣化，引起故障，并最终导致变压器寿命终结。

在绝缘结构局部场强集中的部位出现局部缺陷，如生长气泡时，就会出现局部放电。例如，在变压器高压绝缘中部，在导线和垫块缝隙中或导线与撑条的绝缘中靠近导线的表面上容易产生局部放电。局部放电会使绝缘逐渐受到侵蚀和损伤，发生局部放电时会伴生电流脉冲。在局部放电和过热作用下，油、纸绝缘会发生分解，产生 CO、CO_2 及各种烃类气体。伴随局部放电还可能产生特高频电磁波以及超声脉冲。

大型电力变压器发生故障时，在绝缘缺陷逐步发展至介质击穿，引发事故之前，都会出现不同程度的局部放电，因此局部放电的检测很重要，其检测分为在线监测和停电检测。利用这些检测手段可以取得与放电对应的信号，对信号进行处理和分析可以诊断出局部放电类型或对放电进行定位。在线监测手段主要包括超声波、特高频、常规脉冲电流法和宽频带脉冲电流检测法。

超声波通过检测电力设备局部放电产生的超声波信号来测量局部放电的大小和位置。在实际检测中，超声传感器主要是通过贴在电气设备外壳上以体外检测的方式进行的。超声波方法用于在线监测局部放电的监测频带一般均为 20～230kHz。超声波法检测变压器局部放电具有以下优点：①易于实现在线监测；②便于空间定位；③有望实现利用超声波法进行模式识别和定量分析；④超声波法的进一步研究有望得到一些新的放电信息。目前，利用超声波进行局部放电的放电量的大小确定和模式识别方面的工作做得很少，有效的成果也不多，究其原因，超声波法测量局部放电目前主要存在以下三个方面的问题：①局部放电产生超声波机理问题；②超声波的传播路径问题；③对声信号的处理方法问题。

特高频(ultra-high frequency，UHF)法是目前局部放电检测的一种新方法。研究认为，每一次局部放电过程都伴随着正负电荷的中和，沿放电通道将会有过程极短、陡度很大的脉冲电流产生，辐射的电磁波信号的特高频分量比较丰富。目前，实验已经证明，变压器(油中放电脉冲的上升沿很陡，一般在 1ns 以内)能够激发出很高频率的电磁波，最高可达数 GHz。通过天线传感器接收局部放电过程辐射的特高频电磁波，可以实现局部放电的检测。该技术的特点在于：检测频段较高，可以有效地避开常规局部放电测量中的电晕、开关操作等多种电气干扰；检测频带宽，所以其检测灵敏度很高；可以识别故障类型并进行定位。同时特高频方法采取天线空间耦合射频信号的方式使监测系统与被检测对象之间没有电气连接，对操作人员及监测设备都具有更高的安全性。但特高频法的测量机理与脉冲电流法不同，因此无法进行视在放电量的标定，而且一般外置式传感器灵敏度明显低于内置式传感器，所以一般需要对现场变压器的结构进行一些改动，通常是变压器预埋传感器开孔或利用放油阀将特高频传感器伸进变压器箱体，这对于今后在变压器出厂前就嵌入箱体内是可行的，但是对于已投运的变压器进行改造时难免引起变压器油受潮或漏油的问题。电力企业难以接受对运行中的变压器进行超高频传感器改造的建议，所以这种检测方法的推广还存在一定的障碍。

常规脉冲电流法是研究最早、应用最广泛的一种检测方法，IEC-60270 为国际电工委员会(International Electrotechnical Committee，IEC)正式公布的局部放电测量标准。该方法通过测量放电时回路电荷变化所引起的脉冲电流来实现对高压电力设备局部放电的检测。常规脉冲电流法采用的传感器为耦合电容(如变压器套管末屏)或电流传感器，其测量频带一般为脉冲电流信号的低频段部分，通常为数kHz 至数百 kHz(最多为数 MHz)。目前，常规脉冲电流法广泛用于变压器、预防和交接试验与变压器局部放电实验等，其特点是测量灵敏度高，可以获得一些局部放电的基本量(如视在放电量、放电次数以及放电相位等)。

宽频带脉冲电流检测法是在足够宽的检测频带范围内检测局部放电产生的脉

冲电流信号，局部放电信号一般通过安装在被测设备接地线上的穿芯式电流传感器或钳型电流传感器来获得，在实验室条件下也可以在放电模型接地回路中串入无感电阻来获得真实的局部放电信号。利用罗戈夫斯基线圈检测变压器中性点、外壳接地电缆处的脉冲电流，这种宽频带脉冲电流检测法的优点是检测频带宽（上限可达 30MHz，甚至更高）、包含的信息量大、可用于局部放电波形的详细分析。意大利 TechImp 公司在这种基于超宽带的电力设备局部放电检测的应用方面取得了显著成效，研发的局部放电检测装置能对放电电流脉冲信号进行高速（100MS/s）采样，并对获取的完整时域波形进行去噪，在此基础上对不同特征的脉冲信号进行分类统计，可以实现现场抗干扰和多放电模式的区分，进而诊断设备绝缘状态。然而，该公司的技术细节一直处于保密状态。

变压器内部存在局部过热、放电等故障点，会加快 H_2、CO_2、CO 及各种低分子烃类气体的分解，这些气体在油中对流、扩散，大部分溶解在油中。变压器油中溶解气体分析(dissolved gas-in-oil analysis，DGA)技术是基于油中溶解气体类型与内部故障的对应关系，采用气相色谱仪分析溶解于油中的气体含量，根据油中气体的组分和各种气体的含量判断变压器有无异常情况，诊断其故障类型、大概部位、严重程度和发展趋势的技术[4-7]。国家标准 DL/T 596—1996《电力设备预防性试验规程》[8]和 DL/T 722—2014《变压器油中溶解气体分析和判断导则》[9]指出，分析油中溶解气体的组分和含量是监视充油电气设备安全运行的最有效措施之一，是保证电力系统安全运行的有效手段。实践证明，运用 DGA 技术，检测诊断充油电气设备内部潜伏性故障，已经成为变压器类充油电气设备绝缘监督的一个重要手段，其特点是能发现电气试验不易发现的潜伏性故障，对变压器内部潜伏性故障进行早期和实时的诊断识别非常有效。

1.4 基于多监测参量融合诊断的意义与诊断框架

油中溶解气体分析法是变压器状态评估和故障诊断工作最常用的方法，该方法实质上是通过测取油中气体的组分和各种气体的含量判断变压器有无异常情况及故障的类型。无论是在线监测还是现场取油样后的实验室测量，这些变压器油色谱数据(也称为油中溶解气体分析数据)的测取基本不受各种电磁干扰的影响，数据的可靠性高。许多专家据此提出了很多较实用的算法，如阈值与产气速率判断法、电气实验法、比值法及其衍生法、特征气体判断法、人工智能方法等[10-12]。

此外，国内外理论研究结果和实际运行经验表明，电力变压器器身表面的振动与其绕组及铁心的压紧状况、绕组的位移及变形密切相关。当变压器运行时，硅钢片的磁致伸缩使得变压器铁心随着励磁磁通的变化而周期性地振动，同时绕组中的负载电流产生漏磁引起绕组的振动。变压器箱体内的振动通过变压器绝缘油和支撑组件传递到箱体表面，同时以声波的形式向四周扩散。通过监测和分析变压器箱体表面的噪声信号或振动信号可以获知变压器内部组件的运行状况。振动分析法[13, 14]利用贴在变压器身上的振动传感器获取变压器在线运行过程中的振动信号，提取信号的时域、频域等特征信息，评估诊断绕组、铁心当前的运行状态，预测可能发生的故障。整个过程中，振动分析法最大的优点是能够在线监测，简单易行，与整个电力系统没有电气连接，对整个电力系统的正常运行无任何影响，具有较强的灵敏度，能识别变压器绕组和铁心的细微故障，具有良好的应用前景。

当变压器异常时，有的表现为多种监测/检测手段数据的异常，有的表现为单种或少数几种监测/检测手段数据的异常。虽然油色谱监测是目前油浸式变压器配备最为广泛的监测装置，但仅依靠油色谱数据进行故障诊断具有一定的局限性，因为仅当变压器故障发展到一定程度时这些数据才有显著变化。超声波和常规脉冲电流法等检测也被认为是电气设备有效的绝缘故障检测方法，它们与油色谱监测相比在发现变压器初期绝缘故障方面一般更有效，但若根据油色谱数据也能判断出放电故障，则绝缘故障的诊断结论就更加确定了。而振动分析法对监测变压器绕组和铁心状况更为有效。变压器故障表征涉及机械、电气、化学、热学等多种物理现象，故障原因、现象复杂，再加上信息特征的局限性、诊断模型和知识的不完备性等，上述因素会导致基于单一监测/检测手段的诊断结论存在着一定的片面性。不同的监测/检测手段所测得的数据或特征信号从不同方面反映了变压器的状态。因此，充分利用多种监测/检测手段数据构建融合故障诊断框架是有必要的，可以从多个角度对变压器状态进行综合分析，提高诊断的正确率，同时避免现有独立监测/检测装置有时提供相互矛盾的诊断结果的现象。基于多种监测/检测手段的变压器融合故障诊断框架如图 1-1 所示。

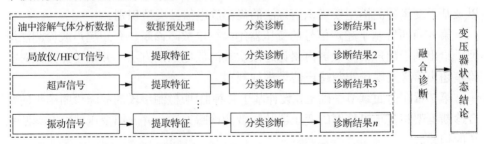

图 1-1　基于多种监测/检测手段的变压器融合故障诊断框架

目前，同一电压等级的变压器在线监测装置的配备尚不统一，不同电压等级的变压器的在线监测装置配备的差别更大，并且，在运行过程中检修人员会根据变压器状态情况增加相应指标的临时检测，这就决定了不同的变压器所具有的监测/检测数据的种类差别较大，且使用不同检测手段所得的数据在时间上有一定差异，这些因素导致变压器诊断很难采用数据层融合和特征层融合，而只能采用如图 1-1 所示的决策层融合，也就是在各信息源分别诊断的基础上，融合各信息源的诊断结论，给出综合评判。

1.5   本书的内容安排

第 1 章介绍变压器常见故障及常用监测/检测手段，以及基于多监测参量融合诊断的意义与框架。

第 2 章介绍连续型非平稳监测信号的典型处理方法及其在去噪中的应用，包括小波变换、集合经验模态分解(ensemble empirical mode decomposition，EEMD)、固有时间尺度分解、变分模态分解(variational mode decomposition，VMD)等方法。

第 3 章给出基于油色谱数据的变压器故障诊断方法。首先对油中溶解气体的产生机理进行分析，然后对相关向量机(relevance vector machine, RVM)算法、组合核相关向量机(multi-kernel learning relevance vector machine，MKL-RVM)进行研究改进，并给出基于 MKL-RVM 的变压器故障诊断方法。

第 4 章对振动信号的特征提取及故障诊断方法进行研究。分别给出基于快速傅里叶变换(fast Fourier transform，FFT)和小波包的特征提取方法与基于 EEMD 的特征提取方法，在此基础上，采用 Fisher 判别分析方法、K 邻近(K-nearest neighbor，KNN)和相关向量机等智能方法进行变压器的故障诊断。

第 5 章研究宽频带脉冲电流的特征提取和放电类型识别。首先介绍脉冲电流法研究现状，给出局部放电信号的实验室获取方法，然后分别研究基于局部放电相位分布(phase resolved partial discharge，PRPD)的局部放电信号统计特征提取与类型识别、基于变分模态分解和多尺度熵的局部放电信号特征提取与类型识别，以及基于变量预测模型模式识别方法的局部放电信号类型识别。

第 6 章研究基于超声信号的变压器绝缘放电故障诊断，介绍超声波检测法原理，给出基于超声信号频域内累计越限次数的放电判别方法，并采用此方法对实验室超声信号及现场实测超声信号进行判别。

第 7 章在前面章节基础上，设计基于各种监测/检测手段的故障诊断结果的融合诊断框架和基于可信度的变压器故障智能诊断方法，并介绍变压器综合诊断系统的构建。

参 考 文 献

[1] 国家电网公司. 2011 年社会责任报告[EB/OL]. http://www.indaa.com.cn /zt/shzrbg[2012-2-20].

[2] 谢毓城. 电力变压器手册[M]. 北京: 机械工业出版社, 2003.

[3] 保定天威保变电力股份有限公司. 变压器实验技术[M]. 北京: 机械工业出版社, 2000.

[4] Sarma D S, Kalyani C N S. ANN approach for condition monitoring of transformer using DGA[C]. 2004 IEEE Region 10 Conference(TENCON), Chiang Mai, 2004: 444-447.

[5] Yanming T, Zheng Q. DGA based insulation diagnosis of power transformer via ANN[C]. Proceedings of the 6th International Conference on Properties and Applications of Dielectric Materials, Xi'an, 2000: 133-136.

[6] Moradi M, Gholami A. transformer condition assessment via oil quality parameters and DGA[C]. IEEE International Conference on Condition Monitoring and Diagnosis, Beijing, 2008: 993-999.

[7] 彭宁云. 基于 DGA 技术的变压器故障智能诊断系统[D]. 武汉: 武汉大学博士学位论文, 2004: 9-10.

[8] 中华人民共和国电力工业部. 电力设备预防性试验规程: DL/T 596—1996[S]. 北京: 中国电力出版社, 1997.

[9] 中华人民共和国国家能源局. 变压器油中溶解气体分析和判断导则: DL/T 722—2014[S]. 北京: 中国电力出版社, 2015.

[10] 朱德恒, 严璋, 谈克雄. 电气设备状态监测与故障诊断技术[M]. 北京: 中国电力出版社, 2009.

[11] 郭俊, 吴广宁, 张血琴, 等. 局部放电检测技术的现状和发展[J]. 电工技术学报, 2005, 20(2): 29-35.

[12] 袁海满. 基于多维特征量的电力变压器故障诊断技术研究[D]. 西安: 西安交通大学硕士学位论文, 2014: 2-5.

[13] 谢坡岸. 振动分析法在电力变压器绕组状态监测中的应用研究[D]. 上海: 上海交通大学博士学位论文, 2008: 32-34.

[14] 洪凯星. 基于振动法的大型电力变压器状态检测和故障诊断研究[D]. 杭州: 浙江大学硕士学位论文, 2010: 29-43.

第 2 章　非平稳信号的典型处理方法
及其在去噪中的应用

变压器的振动信号[1, 2]、放电信号[3, 4]、超声信号[5, 6]等可以从不同的角度反映设备的故障信息，是诊断变压器状态的重要研究对象。这类信号往往表现出非平稳性，需要特定的处理方法才能得到准确结论。本章主要介绍非平稳信号的特点、用途及其典型处理方法。

2.1　非平稳信号的特点和处理用途

非平稳信号又称非平稳随机信号，其统计特性是时间的函数。为了准确把握该概念，需要先明确平稳信号的定义。

若随机信号 $\{x(t), t \in T\}$ 的分布相对于时间的移动具有不变性，则称其为严格平稳随机信号，也称狭义平稳随机信号，即该信号具有如下特征：$\{x(t_1), \cdots, x(t_n)\}$ 的联合分布函数与 $\{x(t_1 + \tau), \cdots, x(t_n + \tau)\}$ 的联合分布函数对于所有的 t 和 τ 都相同[7, 8]。

若随机信号 $\{x(t), t \in T\}$ 满足如下三个条件，则称该信号为广义平稳信号，也称弱平稳信号、协方差平稳信号或者二阶平稳信号[7, 8]。

(1) $E\{x(t)\} = m = $ 常数。

(2) $E\{|x(t)|^2\} < \infty$。

(3) $E\{[x(t) - m][x(s) - m]^*\} = R_x(t - s) - |m|^2$，其中，$R_x(t - s) = E\{x(t)x^*(s)\}$，$x^*(t)$ 是 $x(t)$ 的复数共轭。

如果一个信号既不是严格平稳信号，也不是广义平稳信号，则称其为非平稳信号(也称时变信号)，即该信号的统计量是随时间改变的[7, 8]。

在变压器故障诊断中，如以振动信号、放电信号、超声信号等为参量的状态监测中，设备运行不稳定、负荷的变化、噪声的渗入以及设备故障产生的冲击等，均会导致非平稳信号的产生。实际上，现实工业领域中许多信号都属于非平稳随机信号，若采用传统的、基于平稳过程与线性过程的方法处理这些信号，无法充分挖掘出有用信息，进而无法准确把握设备的故障特征，难以作出正确诊断。所以，对于变压器等电力设备，非平稳信号是诊断故障的重要分析对象，研究适合处理这些信号的方法，对于准确诊断设备故障具有重要的意义。

本章着重介绍电力系统中常用的或较新的分析非平稳信号的方法。

2.2　基于小波变换的非平稳信号分析方法及其在去噪中的应用

对于信号分析，小波变换的基本思想是：选择一个基本小波函数，通过该基本函数不同尺度的平移和伸缩构造小波函数系，用小波函数系表示或逼近信号[9]，从而实现信号的局部分析和多频带分析。

信号经小波变换之后，分解为若干个细节和一个概貌，细节和概貌均是原始信号的子信号，并具有不同的频带范围，因此，小波变换可以实现信号的时频分析。小波变换可以通过小波函数系起到局部化作用，从而提取信号中脉冲等突变成分；可以通过大时窗和小时窗实现不同频率成分的提取，其中，大时窗用于提取低频信息，小时窗用于提取高频信息[9]。小波变换具有的这些特点，使其适合非平稳信号的分析，并得到广泛应用。

2.2.1　连续小波变换

基本小波函数是整个小波变换的基础。令函数 $\psi(x) \in L^2(\mathbf{R})$，则该函数的傅里叶变换 $\hat{\psi}(\omega)$ 满足式 (2-1) 的容许性条件：

$$C_\psi = \int_{-\infty}^{+\infty} \frac{|\hat{\psi}(\omega)|^2}{|\omega|} \mathrm{d}\omega < \infty \tag{2-1}$$

若 $\psi(x)$ 满足上述容许条件，则称 $\psi(x)$ 为基本小波函数[9, 10]（又称母小波函数）。

小波基函数是由基本小波函数伸缩和平移计算得到的[9, 10]，如式 (2-2) 所示：

$$\psi_{a,b}(x) = \frac{1}{\sqrt{a}} \psi\left(\frac{x-b}{a}\right), \quad b \in \mathbf{R}, \quad a > 0 \tag{2-2}$$

式中，a 为函数的尺度参数，用于控制函数的伸缩，为连续值；b 为函数的平移参数，也为连续值。

小波基函数与基本小波函数的关系如图 2-1 所示。

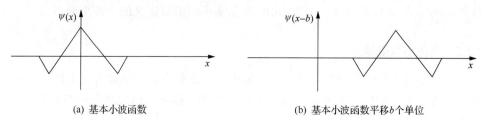

(a) 基本小波函数　　　　　　　　　　　(b) 基本小波函数平移 b 个单位

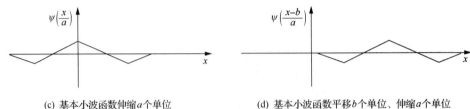

(c) 基本小波函数伸缩 a 个单位　　　　　(d) 基本小波函数平移 b 个单位、伸缩 a 个单位

图 2-1　小波基函数与基本小波的关系

由图 2-1 可以看出小波基函数和基本小波函数的计算关系。其中，图 2-1(a) 是基本小波函数的图示，图 2-1(b) 是该函数平移 b 个单位后的图示，图 2-1(c) 是该函数伸缩 a 个单位后的图示，图 2-1(d) 是该函数平移 b 个单位、伸缩 a 个单位后的图示。

对于连续函数 $f(x) \in L^2(\mathbf{R})$，其小波变换可用式(2-3)描述[9, 10]：

$$
\begin{aligned}
\mathrm{WT}_f(a,b) &= \langle f(x), \psi_{a,b}(x) \rangle = \int_{-\infty}^{+\infty} f(x)\, \overline{\psi}_{a,b}(x)\mathrm{d}x \\
&= \frac{1}{\sqrt{a}} \int_{-\infty}^{+\infty} f(x)\overline{\psi\left(\frac{x-b}{a}\right)}\mathrm{d}x
\end{aligned}
\tag{2-3}
$$

式中，$\overline{\psi}_{a,b}(x)$ 为 $\psi_{a,b}(x)$ 的复共轭函数；$\langle f(x), \psi_{a,b}(x) \rangle$ 为 $f(x)$ 和 $\psi_{a,b}(x)$ 的内积。

可见，该变换是将小波基函数作用于连续函数获得的，即在不同平移和伸缩下，用小波基函数与原始函数作内积运算。

此外，该连续函数 $f(x) \in L^2(\mathbf{R})$，可以由小波逆变换重构得到，其在连续点 $x \in \mathbf{R}$ 处的重构公式如式(2-4)所示[9, 10]：

$$
\begin{aligned}
f(x) &= \frac{1}{C_\psi} \int_0^{+\infty} \frac{\mathrm{d}a}{a^2} \int_{-\infty}^{+\infty} \mathrm{WT}_f(a,b)\psi_{a,b}(x)\mathrm{d}b \\
&= \frac{1}{C_\psi} \int_0^{+\infty} \frac{\mathrm{d}a}{a^2} \int_{-\infty}^{+\infty} \mathrm{WT}_f(a,b)\frac{1}{\sqrt{a}}\psi\left(\frac{x-b}{a}\right)\mathrm{d}b
\end{aligned}
\tag{2-4}
$$

式中，$\psi_{a,b}(x)$ 为 $\psi(x)$ 平移 b 个单位并伸缩 a 个单位后的结果，$\psi(x)$ 为基本小波函数，满足式(2-1)的约束；$\mathrm{WT}_f(a,b)$ 为基本小波函数定义的小波变换。

2.2.2　离散小波变换

连续小波变换适合分析连续信号，是相关理论和方法的重要研究工具。然而，现实世界中采集的信号大多是以离散形式存在的，因此，研究离散小波变换，使之能够分析离散信号显得非常必要。

离散小波函数的定义如式 (2-5) 所示[9, 10]:

$$\psi_{j,k}(x) = \frac{1}{\sqrt{a_0^j}} \psi\left(\frac{x - kb_0 a_0^j}{a_0^j}\right) = a_0^{\frac{-j}{2}} \psi(a_0^{-j} x - kb_0) \tag{2-5}$$

式中，a_0^j 为函数伸缩的长度；$kb_0 a_0^j$ 为函数平移的长度；$a_0 > 1$，$b_0 > 0$（二者的具体取值与 $\psi(x)$ 有关）；j、k 为整数。

从而得到离散小波变换的计算过程如式 (2-6) 所示[9, 10]:

$$\mathrm{WT}_f(j,k) = \langle f(x), \psi_{j,k}(x)\rangle = a_0^{\frac{-j}{2}} \int_{-\infty}^{+\infty} f(x)\psi_{j,k}(x)\mathrm{d}x$$

$$= a_0^{\frac{-j}{2}} \int_{-\infty}^{+\infty} f(x)\psi(a_0^{-j} x - kb_0)\mathrm{d}x \tag{2-6}$$

2.2.3　基于小波变换的多分辨率分析

小波变换可以实现信号的多分辨率分析[11]（又称为多尺度分析）。多分辨率分析的过程可表示为图 2-2 的形式。

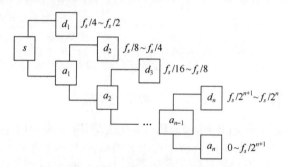

图 2-2　多分辨率分析的过程

图 2-2 中，s 是被分析的原始信号，a_j 是取尺度 j 时的尺度空间（又称为概貌空间），d_j 是取尺度 j 时的小波空间（又称为细节空间），f_s 是原始信号的采样频率。

设 B 是 Banach 空间，$\{\phi_j\} \subset B$。若存在 $\forall f \in B$，且存在唯一序列 $\{\alpha_j\}$，使得 $f = \sum_{j \in Z} \alpha_j \varphi_j$（$Z$ 为复数集），且 $\sum_{j \in Z} \alpha_j \varphi_j$ 无条件收敛，则 $\{\varphi_j\}$ 是 B 的无条件基[11]。

设 B 是 Banach 空间，$\{\varphi_j\} \subset B$。若存在 $\forall f \in B$，且存在唯一的序列 $\{\alpha_j\}$，使

$f = \sum_{j \in Z} \alpha_j \varphi_j$，且存在常数 c_1、$c_2 (c_2 > c_1 > 0)$，使 $c_1 \left(\sum_j |\alpha_j|^2\right)^{\frac{1}{2}} \leqslant \left\|\sum_{j \in Z} \alpha_j \varphi_j\right\| \leqslant$

$c_2 \left(\sum_j |\alpha_j|^2 \right)^{\frac{1}{2}}$ 成立，则 $\{\varphi_j\}$ 是 B 的 Riesz 基[11]。

设 H 是 Hilbert 空间，$\{\varphi_j\} \subset H$。若存在 $\forall A > 0$，$B < \infty$，使得对 $f \in H$ 时 $A\|f\|^2 \leqslant \sum_{j \in Z} |\langle f, \varphi_j \rangle|^2 \leqslant B\|f\|^2$ 成立，则 $\{\varphi_j\}$ 是 H 的框架，A、B 分别为该框架的上界和下界。若 $A = B$，则该框架为紧框架[11]。

多分辨率分析的概念描述如下[11]：设 $\{V_j\}$ 是 $L^2(\mathbf{R})$ 的一个闭子空间序列，若该序列满足如下五个条件，则称其为 $L^2(\mathbf{R})$ 的一个多分辨率分析[11]。

(1) 单调性。即满足关系 $V_j \subset V_{j+1}$。

(2) 逼近性。

(3) 二进制伸缩性。即满足关系 $u(x) \in V_j \Leftrightarrow u(2x) \in V_{j+1}$。

(4) 平移不变性。即满足关系 $u(x) \in V_j \Leftrightarrow u(x-k) \in V_j$。

(5) Riesz 基的存在性。若有 $\phi \in V_0$，且满足 $\{\phi(x-k)_{k \in Z}\}$ 为 V_0 的 Riesz 基，则 φ 为该多分辨率分析的尺度函数。

设 $\{V_j\}$ 为多分辨率分析，$f \in V_J = \mathrm{span}\{\varphi_{J,k}\}_{k \in Z}$，则 $f(x)$ 可以展开为式 (2-7) 的形式[11]：

$$f(x) = \sum_{k \in Z} C_{J,k} \varphi_{J,k} \tag{2-7}$$

令 W_J 为 V_J 的正交补空间，则式 (2-8) 的关系成立：

$$V_J = W_{J-1} \oplus V_{J-1} = W_{J-1} \oplus W_{J-2} \oplus V_{J-2} = W_{J-1} \oplus W_{J-2} \oplus \cdots W_{J-M} \oplus V_{J-M} \tag{2-8}$$

由式 (2-8)，可将 $f(x)$ 展开为小波级数的形式，如式 (2-9) 所示[11]：

$$f(x) = \sum_{j-M \leqslant j < J} \sum_{z \in Z} d_{j,k} \psi_{j,k} + \sum_{z \in Z} c_{J-M,k} \varphi_{J-M,k} \tag{2-9}$$

为了刻画小波函数的计算过程，定义尺度函数和传递函数的双尺度时域方程，如式 (2-10) 和式 (2-11) 所示：

$$\frac{1}{\sqrt{2}} \varphi\left(\frac{x}{2}\right) = \sum_{k \in Z} h_k \varphi(x-k) \tag{2-10}$$

$$\frac{1}{\sqrt{2}} \psi\left(\frac{t}{2}\right) = \sum_{k \in Z} g_k \varphi(t-k) \tag{2-11}$$

式中，h 为高通滤波器，且满足 $h_k = \dfrac{1}{\sqrt{2}} \int_R \varphi\left(\dfrac{x}{2}\right) \overline{\varphi}(x-k)\mathrm{d}x$；$g$ 为低通滤波器，且满足 $g_n = \overline{h}_{1-n}(-1)^{1-n}$。

双尺度方程经傅里叶变换后，得到的频域形式，如式(2-12)和式(2-13)所示[11]：

$$\hat{\varphi}(2\omega) = H(\omega)\hat{\varphi}(\omega) \tag{2-12}$$

$$\hat{\psi}(2\omega) = G(\omega)\hat{\psi}(\omega) \tag{2-13}$$

式中，$H(\omega) = \dfrac{1}{\sqrt{2}} \sum_{k \in Z} h_k \mathrm{e}^{-ik\omega}$，为传递函数。

根据式(2-10)和式(2-11)可变换得到式(2-14)和式(2-15)：

$$\varphi(x) = \sqrt{2} \sum_{n \in Z} h_n \varphi(2x-n) \tag{2-14}$$

$$\psi(x) = \sqrt{2} \sum_{n \in Z} g_n \varphi(2x-n) \tag{2-15}$$

进而得到 $\varphi_{j,k}(x)$ 和 $\psi_{j,k}(x)$，如式(2-16)式(2-17)所示：

$$\varphi_{j,k}(x) = 2^{\frac{j}{2}} \varphi(2^j x - k) = 2^{\frac{j}{2}} \sqrt{2} \sum_{n \in Z} h_n \varphi(2(2^j x - k) - n)$$

$$= 2^{\frac{j+1}{2}} \sum_{n \in Z} h_n \varphi(2^{j+1}x - (2k+n)) = \sum_{n \in Z} h_n \varphi_{j+1,2k+n}(x) \tag{2-16}$$

$$\psi_{j,k}(x) = 2^{\frac{j}{2}} \psi(2^j x - k) = 2^{\frac{j}{2}} \sqrt{2} \sum_{n \in Z} g_n \varphi(2(2^j x - k) - n)$$

$$= 2^{\frac{j+1}{2}} \sum_{n \in Z} g_n \varphi(2^{j+1}x - (2k+n)) = \sum_{n \in Z} g_n \varphi_{j+1,2k+n}(x) \tag{2-17}$$

令 $c_{j,k} = \langle f, \varphi_{j,k} \rangle$，将式(2-16)代入得式(2-18)：

$$c_{j,k} = \langle f, \varphi_{j,k} \rangle = \sum_{n \in Z} \int_{\mathbf{R}} f(x) \overline{h}_n \overline{\varphi}_{j+1,2k+n}(x)\mathrm{d}x$$

$$= \sum_{n \in Z} \overline{h}_n \int_{\mathbf{R}} f(x) \overline{\varphi}_{j+1,2k+n}(x)\mathrm{d}x$$

$$= \sum_{n \in Z} \overline{h}_n c_{j+1,2k+n} = \sum_{n \in Z} \overline{h}_{n-2k} c_{j+1,n} \tag{2-18}$$

令 $d_{j,k} = \langle f, \psi_{j,k} \rangle$，将式 (2-17) 代入得到式 (2-19)：

$$
\begin{aligned}
d_{j,k} = \langle f, \psi_{j,k} \rangle &= \sum_{n \in Z} \int_{\mathbf{R}} f(x) \overline{g}_n \overline{\varphi}_{j+1,2k+n}(x) \mathrm{d}x \\
&= \sum_{n \in Z} \overline{g}_n \int_{\mathbf{R}} f(x) \overline{\varphi}_{j+1,2k+n}(x) \mathrm{d}x \\
&= \sum_{n \in Z} \overline{g}_n c_{j+1,2k+n} = \sum_{n \in Z} \overline{g}_{n-2k} c_{j+1,n}
\end{aligned}
\tag{2-19}
$$

又由于 $V_{j+1} = W_j \oplus V_j$，所以式 (2-20) 成立：

$$
\varphi_{j+1,k}(x) = \sum_{l \in Z} \alpha_l \varphi_{j,l}(x) + \sum_{l \in Z} \beta_l \psi_{j,l}(x)
\tag{2-20}
$$

式中

$$
\begin{aligned}
\alpha_l = \langle \varphi_{j+1,k}, \varphi_{j,l} \rangle &= \int_{\mathbf{R}} \varphi_{j+1,k}(x) \overline{\varphi}_{j,l}(x) \mathrm{d}x \\
&= \int_{\mathbf{R}} \varphi_{j+1,k}(x) \sum_{n \in Z} \overline{h}_n \overline{\varphi}_{j+1,2l+n}(x) \mathrm{d}x \\
&= \overline{h}_{k-2l}
\end{aligned}
\tag{2-21}
$$

$$
\begin{aligned}
\beta_l = \langle \varphi_{j+1,k}, \psi_{j,l} \rangle &= \int_{\mathbf{R}} \varphi_{j+1,k}(x) \overline{\psi}_{j,l}(x) \mathrm{d}x \\
&= \int_{\mathbf{R}} \varphi_{j+1,k}(x) \sum_{n \in Z} \overline{g}_n \overline{\varphi}_{j+1,2l+n}(x) \mathrm{d}x \\
&= \overline{g}_{k-2l}
\end{aligned}
\tag{2-22}
$$

将式 (2-21) 和式 (2-22) 代入式 (2-20) 得到式 (2-23)：

$$
\varphi_{j+1,k}(x) = \sum_{l \in Z} \overline{h}_{k-2l} \varphi_{j,l}(x) + \sum_{l \in Z} \overline{g}_{k-2l} \psi_{j,l}(x)
\tag{2-23}
$$

由上可得到 Mallat 的重构公式，其结果如式 (2-24) 所示[11]：

$$
c_{j+1,k} = \sum_{l \in Z} h_{k-2l} c_{j,l} + \sum_{l \in Z} g_{k-2l} d_{j,l}
\tag{2-24}
$$

综上所述，原始待分析信号经过 Mallat 分解后，可得到若干小波系数，这些小波系数具有不同的频带分布；对小波系数进行小波逆变换，可重构回原始信号。这个特性可实现信号的多分辨率分析，也可根据分解结果，实现原始信号的去噪[11]。

2.2.4　小波变换在信号处理中的应用

小波变换的多分辨率特性，使其在暂态信号检测、去噪、奇异性分析、识别、特征提取等领域得到广泛应用[12]。

本节以小波去噪为例，介绍小波变换的应用过程。

1. 小波去噪的过程

去噪的目的是将信号中的噪声成分去掉，剩下真实信号。原始信号 x 可表示为式 (2-25) 的形式[13]：

$$x_i = s_i + e_i, \quad i = 1, \cdots, N \tag{2-25}$$

式中，x_i 为原始信号 x 在 i 时刻的观测值；s_i 为真实信号 s 在 i 时刻的值；e_i 为噪声信号 e 在 i 时刻的值。

利用小波变换可实现信号的去噪。在误差估计下，信号 x 经小波去噪处理后，得到估计信号 $\tilde{s}$，并使之尽量与信号 s 接近。小波变换可用于去噪的依据是：对信号 x 直接进行小波变换，与分别对信号 s 和信号 e 进行小波变换之后的求和结果一致。利用这个特性以及小波的多分辨率特性，可实现对原始信号的去噪。小波去噪的原理如图 2-3 所示[13]。

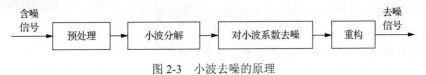

图 2-3　小波去噪的原理

小波去噪成立的依据主要包括如下几个重要特性[13]：①低熵性。小波系数的分布具有稀疏性，使得变换后的熵值减小；②多分辨率特性。小波变换将信号分解为多个小波系数，各个小波系数对应不同的频带，从而实现了多分辨率分析；③去相关性。

2. 小波去噪的方法简介

小波去噪的关键步骤是去除小波系数中的噪声。常见的去噪方法主要有模极大值去噪法、屏蔽去噪法、小波阈值去噪法、平移不变量法[13]。

(1) 模极大值去噪法。Mallat 对大量现实信号进行小波分析后认为：自然界中常用的有用信号经小波分解后，其模极大值随小波尺度的增加而增加；白噪声经小波分解后情况正好相反。据此，可通过去除小波系数中幅值随尺度增加而减少的点实现小波去噪。

该方法适用范围：原始信号中含有白噪声，并且存在较多的奇异点。但其存在很大的缺点：重构速度非常慢、尺度选择困难、可能会产生伪极值点。

(2)屏蔽去噪法。有用信号经小波分解后，获得的分布于多个小波系数上的子信号之间具有较强的相关性，且其在边缘附近表现得尤其明显；而噪声经小波分解后，分布到各小波系数上的子信号之间的相关性并不明显，且其能量主要集中在尺度较低的小波系数(频率较高的小波系数)上。屏蔽去噪法利用相关性不同的特征实现去噪的目的。

该方法的缺点为：计算量非常大，且需估计噪声的方差，增加了去噪的困难。

(3)小波阈值去噪法。有用信号经小波分解后，其能量主要集中在有限的几个小波系数中；而噪声经小波分解后，其能量分布于整个小波域内。Donoho 认为可在各小波系数上寻找合适的阈值 λ，通过该阈值对小波系数进行量化(截断)，从而实现去噪的目的。

该方法的优点为：去噪效果好、计算速度快、有效保留特征尖峰点。正是基于上述优点，该方法应用最为广泛。

(4)平移不变量法。当采用小波阈值去噪法对信号去噪时，会在不连续点处产生 Pseudo-Gibbs 现象，从而导致重构的信号产生了原来不存在的振荡干扰。为了克服该缺陷，人们提出了平移不变量法，其主要思想是：首先，平移含噪信号，进而改变不连续点的位置；其次，采用小波阈值去噪法对平移后的信号去噪；最后，将去噪后的信号反向平移得到最终的去噪结果。

该方法的缺点为：计算速度相对较慢，当信号较长时，速度尤其慢。

由于小波阈值去噪法效果好、计算简单，所以其在多个领域得到了普遍应用[13]。鉴于上述原因，本章主要研究在绝缘子泄漏电流去噪中采用小波阈值去噪法时需解决的关键问题。

3. 小波阈值去噪法的原理

小波阈值去噪法的主要步骤为：①根据信号特征，选择最优小波基和最佳分解层数；②对含噪信号进行小波分解，得到若干小波系数；③选择合适的阈值，对含噪声的小波系数进行量化；④经量化后，对所有小波系数进行重构，得到最终的去噪结果。

由上面的步骤可以看出，小波基的选择、分解层数的选择、阈值的选择都会严重影响去噪效果，即这三个方面是影响小波阈值去噪效果的关键因素。

1)小波基和分解层数的选择

虽然学者提出了多种小波基，但若想取得最佳的去噪效果，应根据信号的特征选择最优小波基。

分解层数越大，越有利于分离真实信号和噪声信号。但分解层数越多，去噪后信号的失真也越大。因此，分解层数也应根据实际需要选择。

2) 阈值函数的选择

用于小波去噪的阈值函数主要分为硬阈值方法和软阈值方法[13]。硬阈值的函数表达式如式 (2-26) 所示：

$$\tilde{\omega}_{j,k} = \begin{cases} \omega_{j,k}, & |\omega_{j,k}| \geqslant \lambda \\ 0, & |\omega_{j,k}| < \lambda \end{cases} \tag{2-26}$$

式中，$\omega_{j,k}$ 为原始信号的小波系数；λ 为阈值。

软阈值的函数表达式如式 (2-27) 所示：

$$\tilde{\omega}_{j,k} = \begin{cases} \text{sgn}(\omega_{j,k})(|\omega_{j,k}| - \lambda), & |\omega_{j,k}| \geqslant \lambda \\ 0, & |\omega_{j,k}| < \lambda \end{cases} \tag{2-27}$$

式中，$\omega_{j,k}$ 和 λ 的含义与硬阈值函数中的含义相同。

3) 阈值的选择

当采用小波阈值去噪法去噪时，对阈值的估计会严重影响去噪效果，主要表现在：如果阈值估计太小，则去噪效果不佳；反之，则会将有用信号大量去除，造成信号失真严重。常见的阈值设置方法主要有：无偏似然估计、固定阈值估计、启发式阈值估计和极值阈值估计[13]。

(1) 无偏似然估计。该方法采用 Stein 无偏似然方法实现阈值的估计。该阈值估计的计算过程为：按离散时间序列对信号取值，得到序列 x（$x(i)$ 表示该信号在 i 时间点处的观察值，$i = 1, 2, \cdots, N$，N 为信号长度）。对 x 进行升序排列，并用 y 表示。令 $y_1(i) = y(i)^2$，则计算阈值 λ 的公式如式 (2-28)～式 (2-30) 所示：

$$y_2(i) = \sum_{k=1}^{i} y_1(k) \tag{2-28}$$

$$r(i) = \frac{N - 2i + y_2(i) + (N - i)y_1(i)}{N} \tag{2-29}$$

$$\lambda = \min(r) \tag{2-30}$$

(2) 固定阈值估计。固定阈值的计算公式如式 (2-31) 所示[13]：

$$\lambda = \sigma \sqrt{2 \ln N} \tag{2-31}$$

式中，σ 是噪声的标准方差；N 是信号长度。

(3) 启发式阈值估计。启发式阈值估计方法对无偏似然估计和固定阈值估计进行折中计算。具体思想是：当信噪比(signal to noise ration，SNR)较低时，采用固定阈值方法；当信噪比较高时，取无偏似然估计和固定阈值估计中效果较好的结果为最终的取值。设信号长度为 N，定义变量 eta 和 crit，其计算公式如下：

$$\text{eta} = \frac{\|x\|^2 - N}{N} \tag{2-32}$$

$$\text{crit} = \frac{[\ln N / \ln 2]^{1.5}}{\sqrt{N}} \tag{2-33}$$

令无偏似然估计得到的阈值为 λ_1，固定阈值估计得到的阈值为 λ_2，则得到启发式阈值估计如式(2-34)所示：

$$\lambda_3 = \begin{cases} \lambda_2, & \text{eta} < \text{crit} \\ \min(\lambda_1, \lambda_2), & \text{其他} \end{cases} \tag{2-34}$$

(4)极值阈值估计。极值阈值估计采用极大、极小值选择阈值，其具体的估计公式如式(2-35)所示：

$$\lambda = \begin{cases} 0, & N \leqslant 32 \\ 0.3936 + \dfrac{0.1829 \ln N}{\ln 2}, & N > 32 \end{cases} \tag{2-35}$$

当噪声在高频分布(低尺度小波系数)较少时，无偏似然估计和极值阈值估计取得的效果较好；固定阈值估计和启发式阈值估计的去噪效果显著，但缺点是容易将有用的信号误删除。因此，当采用小波变换去噪时，应根据信号的实际特征选择阈值估计方法。

4. 小波基的选择

变压器波形信号(如绝缘子放电信号)经小波分解后，会得到若干小波系数，其中的陡脉冲分量会在小波系数上表现为突变值。当采用小波阈值去噪时，不应去除其中的突变值。采用不同的小波基对保留这部分突变值的效果是不一样的。因此，各小波系数能否最大限度地保留放电产生的陡脉冲成为选择最佳小波基的依据。

在选择小波基时，应根据应用情况合理选择基本小波。以绝缘子放电为例，由于对于提取放电成分，非对称小波更能适应该项工作[14]，而 db 小波系可以非常好地满足该要求，所以，此处从 db 小波系中选择最佳基本小波。db 小波系包含多个小波，这些小波具有不同的阶数，如 db1、db2、db3、…，阶数不同则计算复杂度不同。图 2-4 是绝缘子泄漏电流的波形(其中，t 表示时间，单位是 ms)，图 2-5

为采用 db 小波分解图 2-4 的波形时随着阶数的增加各个小波所消耗时间的变化曲线。其中，计算消耗时间的硬件环境为 Intel® Core™ 2 Duo CPU E7500 @ 2.93GHz（2 CPUs）、2GB DDR 内存，软件环境为 Microsoft Windows XP Professional（版本 2002）、MATLAB Version 7.6.0.324（R2008a）。由图 2-5 可知，db2～db9 小波消耗的时间相对较低，其中，db2 小波消耗的时间最少，因此，选择 db2～db9 小波作为待选。

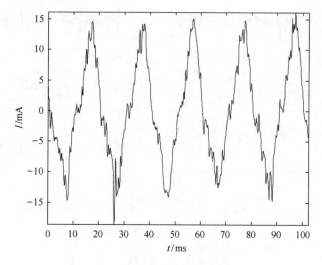

图 2-4　绝缘子泄漏电流的波形

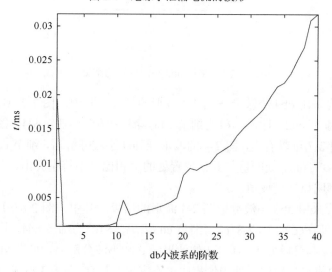

图 2-5　分解泄漏电流所需时间的变化曲线

分别以 db2、db4、db8 小波为例，显示对图 2-4 的分解结果，分别如图 2-6～

图 2-8 所示(此三幅图中的 I 表示泄漏电流,单位为 mA; t 表示时间,单位为 ms)。

图 2-6 为采用 db2 小波分解图 2-4 波形的结果。其中,图 2-6(a) 为细节 cd1,图 2-6(b) 为细节 cd2,图 2-6(c) 为细节 cd3,图 2-6(d) 为细节 cd4,图 2-6(e) 为概貌 ca4。由图 2-6 可以看出,图 2-4 的波形经 db2 小波分解后在细节 cd1～细节 cd3 的 26ms 处均有明显的局部突变值,反映了图 2-4 在 26ms 处的突变特征。

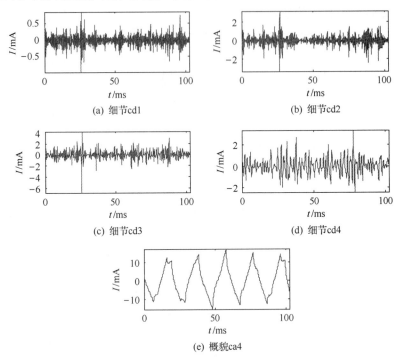

图 2-6 采用 db2 小波分解的结果

图 2-7 为采用 db4 小波分解图 2-4 波形的结果。其中,图 2-7(a) 为细节 cd1,图 2-7(b) 为细节 cd2,图 2-7(c) 为细节 cd3,图 2-7(d) 为细节 cd4,图 2-7(e) 为概貌 ca4。由图 2-7 可以看出,图 2-4 的波形经 db4 小波分解后,细节 cd1、细节 cd2 和细节 cd4 在 26ms 处的值与其他位置处的值相比并不特别突出,只有细节 cd3 在 26ms 处有明显的突变值。

图 2-8 为采用 db8 小波分解图 2-4 波形的结果。其中,图 2-8(a) 为细节 cd1,图 2-8(b) 为细节 cd2,图 2-8(c) 为细节 cd3,图 2-8(d) 为细节 cd4,图 2-8(e) 为概貌 ca4。由图 2-8 可以看出,图 2-4 的波形经 db8 小波分解后,细节 cd1 和细节 cd2 在 26ms 处的值与其他位置处的值相比也不突出,只有细节 cd3 和细节 cd4 在 26ms 处稍有局部突变值。

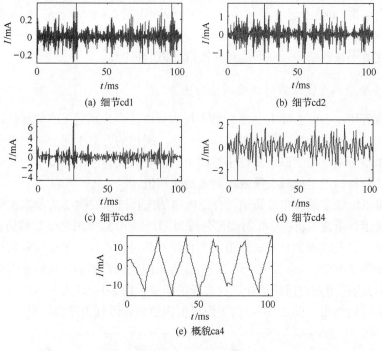

图 2-7　采用 db4 小波分解的结果

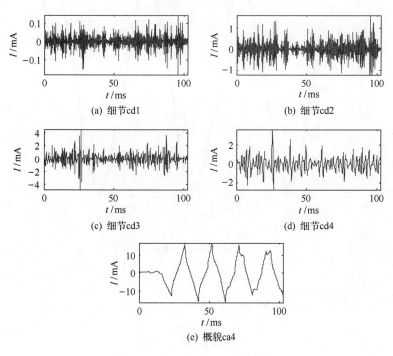

图 2-8　采用 db8 小波分解的结果

综上可得，db2 小波更能从多个细节上反映出图 2-4 的波形在 26ms 处的突变值，更能表明绝缘子的放电特征。这样，当采用 db2 小波去噪时，可最大限度地保证突变值不被截断掉，从而达到保留特征值的目的。

5. 去除泄漏电流噪声时小波阈值的选择

如前所述，小波去噪中主要采用 4 种阈值估计，分别是无偏似然估计、固定阈值估计、启发式阈值估计、极值阈值估计，采用的方案不同会对波形的去噪效果产生重要影响。为了确定最佳小波阈值，需要对具体应用环境中的波形信号进行比较性分析，通过比较去噪效果判断最佳阈值。

这里以绝缘子泄漏电流为例，介绍阈值的选择过程。图 2-9 是实验中采集到的绝缘子泄漏电流。将图 2-9 的波形分解为 11 层，分别采用无偏似然估计、固定阈值估计、启发式阈值估计、极值阈值估计对其进行去噪。采用软阈值进行去噪的结果如图 2-10 所示。其中，图 2-10(a) 为采用无偏似然估计进行去噪的结果；图 2-10(b) 为采用固定阈值估计进行去噪的结果；图 2-10(c) 为采用启发式阈值估计进行去噪的结果；图 2-10(d) 为采用极值阈值估计进行去噪的结果。

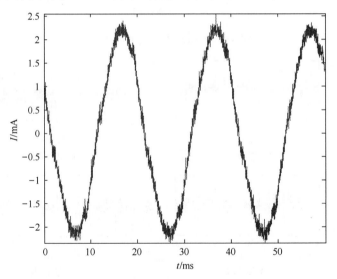

图 2-9　现场绝缘子泄漏电流波形

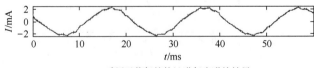

(a) 采用无偏似然估计进行去噪的结果

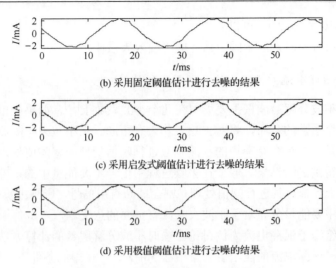

(b) 采用固定阈值估计进行去噪的结果

(c) 采用启发式阈值估计进行去噪的结果

(d) 采用极值阈值估计进行去噪的结果

图 2-10　采用软阈值进行去噪的结果

采用硬阈值进行去噪的效果如图 2-11 所示。其中，图 2-11(a) 为采用无偏似然估计进行去噪的结果；图 2-11(b) 为采用固定阈值估计进行去噪的结果；图 2-11(c) 为采用启发式阈值估计进行去噪的结果；图 2-11(d) 为采用极值阈值估计进行去噪的结果。

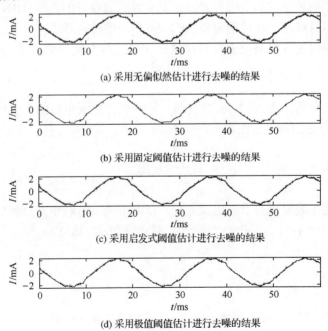

(a) 采用无偏似然估计进行去噪的结果

(b) 采用固定阈值估计进行去噪的结果

(c) 采用启发式阈值估计进行去噪的结果

(d) 采用极值阈值估计进行去噪的结果

图 2-11　采用硬阈值进行去噪的结果

　　由图 2-10 和图 2-11 可以看出：软阈值的去噪效果优于硬阈值的去噪效果；当采用软阈值去噪时，固定阈值估计的去噪效果最佳。

6. 去除泄漏电流噪声时小波分解层数的计算

　　信号经小波分解后能量主要集中在几个小波系数上[13]，如果能根据信号的特征掌握这几个系数的分布，将对去噪工作大有帮助。由小波去噪的原理可知，去噪过程主要是对各个含有噪声的小波系数进行阈值处理。将阈值处理后各小波系数重构，即得到去噪结果。假如在去噪过程中信号主要能量中的一部分被分解到了小波系数上，若对其进行阈值处理，则会截断有用信号，影响去噪效果。因此，掌握信号的主要能量分布对于小波去噪具有重要的意义。

　　下面以绝缘子泄漏电流为例讨论去噪时小波分解层数的计算方法。在干燥情况下，绝缘子泄漏电流的能量主要集中在 50Hz 处；在湿润条件下，1000Hz 以下的频率成分均有不同程度的提高。可见，虽然泄漏电流波形在不同阶段内的主要能量分布有所变化，但均为低频信号，在去噪过程中应保留这部分能量。由于泄漏电流的主要能量分布在低频处，理论上，当概貌中仅包含这些低频成分(不包含其他非主要能量所对应的频率成分)时，则不必进行小波分解，目的是保护这些成分不丢失，无论分解与否，都不应该对其进行去噪处理，否则会截断有用信号。此时，仅对小波域中的细节进行去噪，既可以达到较好的去噪目的，又能够很好地保存有用信号成分，还可避免多余的分解带来的时间开销。

　　为了方便讨论，泄漏电流主要能量区间内的最大频率记为 $f_m(f_m > 0)$。由图 2-2 可知，最后一层概貌 a_n 能识别的频率范围为 $0 \sim \dfrac{f_s}{2^{n+1}}$ Hz，其中 f_s 是采样频率。又根据前面的分析，当式(2-36)成立时，就可保证泄漏电流的主要能量位于最后一层概貌 a_n 所处的频率范围内。

$$\frac{f_s}{2^{n+1}} > f_m \tag{2-36}$$

　　若想采用小波变换对泄漏电流去噪，泄漏电流信号经小波分解后至少要有 1 个细节分量，即 $n \geqslant 1$。因此，$2^{n+1} \geqslant 2^2$，进而式(2-37)成立：

$$\frac{f_s}{2^{n+1}} \leqslant \frac{f_s}{2^2} \tag{2-37}$$

　　由式(2-36)和式(2-37)可得 $\dfrac{f_s}{2^2} > f_m$，式(2-38)成立：

$$f_s > 2^2 \times f_m \tag{2-38}$$

由以上分析可知：当采用小波变换去除绝缘子泄漏电流噪声时，采样频率需要满足式(2-38)；小波分解的层数应满足式(2-36)。在满足式(2-38)和式(2-36)的前提下，小波分解层数越大，产生的细节分量越多，去除的噪声量越大，去噪效果也就越好。大量试验结果也验证了上述结论的正确性。当分解层数满足式(2-39)时，可以在保证式(2-36)成立的前提下分解得到最多的细节分量，以获得最佳的去噪效果。

$$\frac{f_s}{2^{n+2}} \leqslant f_m < \frac{f_s}{2^{n+1}} \tag{2-39}$$

可见，式(2-39)是判断 n 是否为最佳分解层数的依据。

由式(2-39)可得 $2^{n-1} < \dfrac{f_s}{2^2 \times f_m} \leqslant 2^n$，因此，$n-1 < \log_2\left(\dfrac{f_s}{2^2 \times f_m}\right) \leqslant n$，进

而 $\log_2\left(\dfrac{f_s}{2^2 \times f_m}\right) \leqslant n < \log_2\left(\dfrac{f_s}{2^2 \times f_m}\right) + 1$。又因为 n 为非负正整数，所以式(2-40)

成立：

$$n = \left\lceil \log_2 \frac{f_s}{2^2 \times f_m} \right\rceil \tag{2-40}$$

其中，符号"$\lceil \cdot \rceil$"表示上取整。式(2-40)为小波去噪时最佳分解层数的定量计算方法。

综上，当采用小波变换对绝缘子泄漏电流进行去噪时，按照式(2-40)计算小波分解的层数，可有效地将泄漏电流的主要成分分解到概貌中，将噪声分解到细节中，从而明确了去噪时需要进行阈值处理的细节，避免了选择分解层数的盲目性。

在选择小波基为 db2、采用固定阈值估计和应用软阈值实现泄漏电流去噪的前提，对图 2-12(a)的波形进行去噪。为了研究方便，计算该段数据的频谱低频部分如图 2-13(a)所示。由图 2-13(a)可知，泄漏电流的能量主要集中在 50Hz、150Hz 和 250Hz 处，即 $f_m = 250$。将 f_s 和 f_m 的值代入式(2-40)得到 $n=4$，去噪结果如图 2-12(b)所示。为了对比，分别取 $n=3$ 和 $n=5$ 进行去噪，去噪结果分别如图 2-12(c)和(d)所示。其中，图 2-12(c)去噪效果不太好，图 2-12(d)虽然从视觉上比图 2-12(b)光滑，但其去除了部分周期成分，为了说明这一点，构造泄漏电流去噪后的低频部分的频谱，分别如图 2-13(b)、(c)和(d)所示。其中，图 2-13(b)是将泄漏电流分解为 4 层时的去噪结果，由图 2-13(b)可知，将泄漏电流分解为 4 层去噪后，其主要频率特征与图 2-13(a)相符。图 2-13(c)是将泄漏电流分解为 3 层时的去噪结果，由图 2-13(c)可知，当分解为 3 层去噪时，

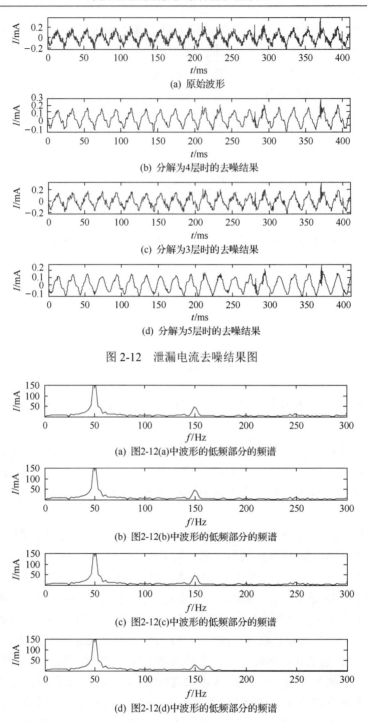

(a) 原始波形

(b) 分解为4层时的去噪结果

(c) 分解为3层时的去噪结果

(d) 分解为5层时的去噪结果

图 2-12　泄漏电流去噪结果图

(a) 图2-12(a)中波形的低频部分的频谱

(b) 图2-12(b)中波形的低频部分的频谱

(c) 图2-12(c)中波形的低频部分的频谱

(d) 图2-12(d)中波形的低频部分的频谱

图 2-13　泄漏电流频谱

频率成分虽然也没有发生大的变化，但图 2-12(c)已经说明，此时去噪结果中含有大量噪声。图 2-13(d)是将泄漏电流分解为 5 层时的去噪结果，由图 2-13(d)可知，当分解为 5 层去噪时，在 150Hz、250Hz 附近的频率成分发生较大的变化，与原始信号严重不符。综上，此时分解为 4 层去噪是最佳的选择。

分析：当分解层数 $n=4$ 时，必定满足式(2-39)判定分解终止的依据；当 $n=3$ 时，根据图 2-2 的分解过程，d_3 的频率范围为 625～1250Hz，a_3 的频率范围为 0～625Hz，这不满足判据；当 $n=5$ 时，d_5 的频率范围为 156.25～312.5Hz，a_5 的频率范围为 0～156.25Hz，这也不满足判据。

2.2.5　小波应用的总结

小波变换适用于分析非平稳信号。在应用中，应根据领域信号的特征，确定合适的参数。本节以小波去噪为例，并以绝缘子泄漏电流为待处理信号，讨论了小波基的选择、阈值的选择和分解层数的计算问题。

2.3　基于 EEMD 的非平稳信号分析方法及其在去噪中的应用

集合经验模态分解(EEMD)[15]方法是将白噪声添加到待分析信号中，利用白噪声频谱均匀分布的特性，改进经验模态分解(empirical mode decomposition，EMD)[16]的模态混叠现象的方法。因此，要明白 EEMD 的原理，应先掌握 EMD 的实质。

2.3.1　EMD 方法简介

EMD 是希尔伯特-黄变换(Hilbert-Huang transform，HHT)方法的核心，是由 Huang 等于 1998 年提出的，适合处理非平稳信号。

非平稳信号的频率是随时间变化的，此时采用传统的傅里叶变换求频率的方法就显得无能为力了，为此，人们提出了瞬时频率的概念。瞬时频率的定义一直是学者的争论焦点[17-19]，较为统一的结论是：通过解析信号来定义信号的瞬时频率[20]。

非平稳实信号 $X(t) \in L^P$ 的 Hilbert 变换为如式(2-41)所示：

$$Y(t) = \frac{1}{\pi} P \int_{-\infty}^{+\infty} \frac{X(\tau)}{t - \tau} \mathrm{d}\tau \tag{2-41}$$

式中，P 为柯西主值。复信号 $Z(t) = X(t) + \mathrm{j}H(X(t)) = X(t) + \mathrm{j}Y(t) = a(t)\mathrm{e}^{\mathrm{j}\theta(t)}$ 称为 $X(t)$ 的解析信号。

又有

$$a(t) = \left(X(t)^2 + Y(t)^2 \right)^{1/2}, \quad \theta(t) = \arctan\left(\frac{Y(t)}{X(t)} \right)$$

式中，$a(t)$ 为解析信号 $Z(t)$ 的振幅；$\theta(t)$ 为信号的相位。因此，可计算得到 $X(t)$ 的瞬时频率，如式(2-42)所示：

$$\omega(t) = \frac{\mathrm{d}\theta}{\mathrm{d}t} \tag{2-42}$$

Huang 等认为瞬时频率有意义的必要条件是数据必须关于局部零均值对称，同时跨零点的个数与极值点个数要相等。在此基础上，Huang 进一步提出了固有模态函数(intrinsic mode function，IMF)的定义。一个 IMF 必须满足以下两个条件[17, 21]。

(1)在整个数据段内，极值(极大值或极小值)点数目与过零点数目相等或最多相差一个。

(2)在任意时刻，由局部极大值构成的上包络线和由局部极小值构成的下包络线的平均值为零。

满足上述两个条件的 IMF 可以计算其瞬时频率。

Huang 认为，任何信号都能分解为简单的 IMF 之和，反过来，简单振荡模态相互叠加，便形成了复杂信号[17]，在此基础上他提出了 EMD 的理论。对于非平稳信号，EMD 步骤如下[17, 21]。

(1)确定非平稳信号的所有局部极值点，并采用三次样条插值方法将所有的局部极大值点拟合成上包络线 E_1，采用同样的方法将极小值点拟合成下包络线 E_2。

(2)采用式(2-43)求上、下包络线的平均值 m_1：

$$m_1 = (E_1 + E_2)/2 \tag{2-43}$$

采用式(2-44)求 h_1：

$$h_1 = x(t) - m_1 \tag{2-44}$$

(3)如果 h_1 不满足 IMF 的条件，则把 h_1 作为原始数据，重复步骤(1)、步骤(2)，得到上、下包络线的平均值 m_{11}，再判断 $h_{11} = h_1 - m_{11}$ 是否满足 IMF 的条件，如果不满足则重复循环 k 次，得到 $h_{1k} = h_{1(k-1)} - m_{1k}$，使得 h_{1k} 满足 IMF 的条件。记 $c_1 = h_{1k}$，则 c_1 为信号的第一个满足条件的 IMF 分量，即 IMF_1。

(4)采用式(2-45)，将 c_1 从 $x(t)$ 中分离出来：

$$r_1 = x(t) - c_1 \tag{2-45}$$

将 r_1 作为原始数据重复步骤 (1)～步骤 (3)，得到 $x(t)$ 的第二个满足条件的 IMF 分量 c_2，即 IMF_2。重复 n 次，得到信号 $x(t)$ 的 n 个满足条件的 IMF 分量，如式 (2-46) 所示：

$$\left. \begin{array}{c} r_1 - c_2 = r_2 \\ \vdots \\ r_{n-1} - c_n = r_n \end{array} \right\} \tag{2-46}$$

当 r_n 成为一个单调函数不能再从中提取满足条件的 IMF 分量时，循环结束。从而得到了信号的 IMF 表示，如式 (2-47) 所示：

$$x(t) = \sum_{i=1}^{n} c_i + r_n \tag{2-47}$$

由上述步骤可以看出，EMD 的过程是一个筛分的过程，在筛分的过程中，不仅消除了模态波形的叠加，而且使波形轮廓更加对称。图 2-14 是 EMD 筛分过程的流程图。

取信号 $X(t)$ 经过 EMD 后的任意一个固有模态函数 $c_i(t)$，其 Hilbert 变换如式 (2-48) 所示：

$$\hat{c}_i(t) = \frac{1}{\pi} \int_{-\infty}^{\infty} \frac{c_i(t)}{t - \tau} \mathrm{d}\tau \tag{2-48}$$

构造解析信号如式 (2-49) 所示：

$$z(t) = c_i(t) + \mathrm{j}\hat{c}_i(t) = A_i(t)\mathrm{e}^{\mathrm{j}\phi_i(t)} \tag{2-49}$$

得到其幅值函数和相位函数，分别如式 (2-50) 和式 (2-51) 所示：

$$A_i(t) = \sqrt{c_i^2(t) + \hat{c}_i^2(t)} \tag{2-50}$$

$$\phi_i(t) = \arctan\left(\frac{\hat{c}_i(t)}{c_i(t)}\right) \tag{2-51}$$

采用式 (2-52) 求出瞬时频率：

$$f_i(t) = \frac{1}{2\pi} \omega_i(t) = \frac{1}{2\pi} \frac{\mathrm{d}\phi_i(t)}{\mathrm{d}t} \tag{2-52}$$

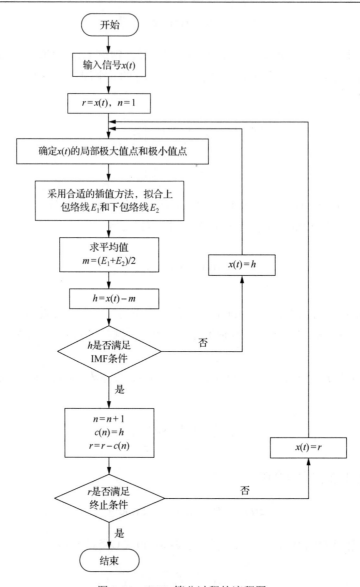

图 2-14　EMD 筛分过程的流程图

分别对每一个 IMF 分量用 Hilbert 变换进行谱分析，原始信号可表示为式 (2-53)：

$$X(t) = \mathrm{Re} \sum_{i=1}^{n} A_i(t) \mathrm{e}^{\mathrm{j}\phi_i(t)} = \mathrm{Re} \sum_{i=1}^{n} A_i(t) \mathrm{e}^{\mathrm{j}\int \omega_i(t)\mathrm{d}t} \tag{2-53}$$

式中，Re 表示取实部。式 (2-53) 右边称为 Hilbert 时频谱，如式 (2-54) 所示：

$$H(\omega,t) = \mathrm{Re} \sum_{i=1}^{n} A_i(t) e^{j\int \omega_i(t)\mathrm{d}t} \tag{2-54}$$

进一步定义 Hilbert 边际谱 $h(\omega)$，如式 (2-55) 所示：

$$h(\omega) = \int_{-\infty}^{\infty} H(\omega,t)\mathrm{d}t \tag{2-55}$$

Hilbert 边际谱提供了每一个频率值上分布的总的振幅或能量，它以概率的形式表示在整个数据序列上的累计振幅或能量。

HHT 虽然有许多优点，并得到了广泛应用，但仍有许多不足需要解决，主要体现在如下几方面。

(1) 基本理论和相关证明的完善。

(2) 采用更加合理的包络线拟合算法。

(3) 改进 EMD 筛选算法，研究新的停止准则。

(4) 边界效应。

(5) 模态混叠问题。

2.3.2　EEMD 方法简介

研究表明，白噪声经 EMD 后各 IMF 分量的平均周期严格地保持为前一层 IMF 分量的两倍。但在实际应用中，很难得到纯白噪声，在 EMD 过程中一些尺度会丢失，从而导致模态混叠现象，即一个 IMF 分量包括了尺度差异较大的信号，或是一个相似尺度的信号出现在不同的 IMF 分量中。模态混叠的原因是信号的间断，这种间断不仅在时频分布中引起了严重的混叠，而且使单分量的 IMF 缺乏物理意义。现实中的数据都融合了信号和噪声，因此 EMD 的模态混叠现象是不可避免的[21]。

Huang 等认为在每次进行 EMD 时添加白噪声，然后再进行分解可有效地消除模态混叠的干扰，并进一步提出了 EEMD[22]，其原理为：在进行 EMD 时，人为地添加白噪声，使得白噪声在整个时频空间内均匀分布，则该时频空间就由滤波器组分割成的不同尺度成分组成。当信号中混叠和均匀分布的白噪声叠加后，信号的不同频率尺度可以自动投影到由白噪声所建立的均匀空间的相应频率尺度上。这样每次分解的信号成分都包括了信号和附加的白噪声，必然会使分解后的结果受到影响。由于每次添加的白噪声是不相关的，当添加的次数足够多时，总体平均后，噪声将会消除，只剩余信号分量[21-23]。

EEMD 的步骤如下。

(1) 在目标数据上加入白噪声序列。

(2) 将加入白噪声的序列分解为 IMF。

(3) 每次加入不同的白噪声序列，反复重复步骤 (1)、步骤 (2)。

(4)把分解得到的各个 IMF 分量的均值作为最终的结果。

EEMD 过程的流程图如图 2-15 所示[21]。

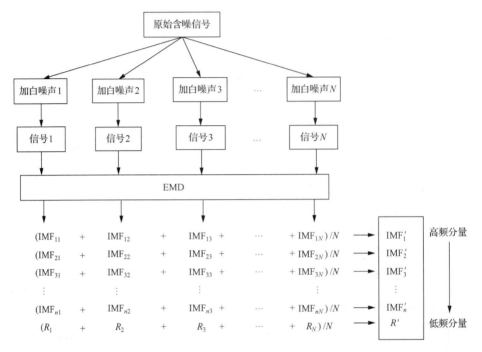

图 2-15　EEMD 过程的流程图

图 2-16 是实测某段绝缘子泄漏电流波形分别经 EMD 和 EEMD 后形成的 IMF 序列,其中,图 2-16(a)为 EMD 的结果,图 2-16(b)为 EEMD 的结果。由图 2-16(a)可以看出,圆圈括起来的信号分量的频率明显高于圆圈外的部分,这说明泄漏电流经 EMD 后在某些 IMF 分量中存在模态混叠现象;由图 2-16(b)可以看出,经 EEMD 后模态混叠现象基本消除[21]。

2.3.3　EEMD 方法在非平稳信号去噪中的应用

1. 去噪原理

EEMD 适合处理非平稳信号,可用于信号的去噪。含噪信号 $X(t)$ 经 EEMD 后可表示为式(2-56)的形式[21]:

$$x(t) = \sum_{i=1}^{n} c_i(t) + r(t) \tag{2-56}$$

式中,$c_i(t)$ 为第 i 层的 IMF 分量;$r(t)$ 为剩余分量。在此基础上可以设计出低通、高通和带通滤波器,表达式分别见式(2-57)、式(2-58)和式(2-59)[21]:

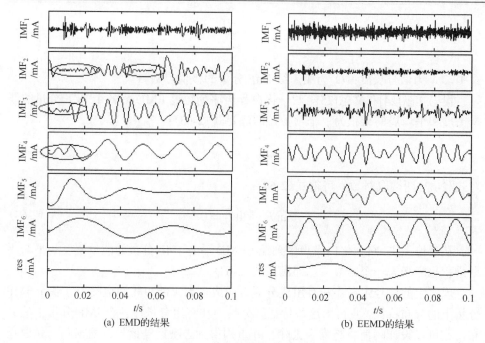

(a) EMD的结果　　　　　　　　　　(b) EEMD的结果

图 2-16　模态混叠现象及其改进

$$x_{lk}(t) = \sum_{i=k}^{n} c_i(t) + r(t) \tag{2-57}$$

$$x_{hk}(t) = \sum_{i=1}^{k} c_i(t) \tag{2-58}$$

$$x_{bk}(t) = \sum_{i=b}^{k} c_i(t) \tag{2-59}$$

对于归一化白噪声序列 $R(n)$，经 EMD 后可表示为式 (2-60)[21]：

$$R(n) = \sum_{i=1}^{N} c_i(n) \tag{2-60}$$

第 k 级 IMF 分量的能量密度定义为式 (2-61)[21]：

$$E_k = \frac{1}{N} \sum_{n=1}^{N} \left[c_k(n) \right]^2 \tag{2-61}$$

第 k 级 IMF 分量的平均周期定义为式 (2-62)[21]：

$$\overline{T}_k = \frac{N}{O_k} \qquad (2\text{-}62)$$

式中，N 为信号长度；O_k 为第 k 级 IMF 分量的极值点数目。

根据文献[24]和文献[25]，归一化白噪声序列经过 EMD 后各个 IMF 分量的能量密度和平均周期乘积为一个常数，即满足式 (2-63)：

$$E_k \overline{T}_k = C \qquad (2\text{-}63)$$

对式 (2-63) 两端取对数，可得式 (2-64)：

$$\ln E_k + \ln \overline{T}_k = 0 \qquad (2\text{-}64)$$

从理论上讲，归一化白噪声序列经 EEMD 后各 IMF 分量的能量密度和平均周期乘积也应当为一个常数，也即满足式 (2-63)。

现实中的信号由噪声和有用成分混合而成。如果能事先知道噪声在各个 IMF 分量上的分布特征，且可由这些特征区分噪声和有用分量在各个 IMF 分量上的分布，则可以设计阈值将将噪声去除，并重构得到去噪后的信号。根据归一化白噪声经 EEMD 后各个 IMF 分量的能量密度和平均周期乘积为常数的重要性质，可以设计时空滤波器，去除其中的噪声[21]。

一般情况下，信号的有用成分主要分布在低频部分，高频部分则主要与噪声及扰动有关。在 EEMD 过程中，最先分解出来的 IMF 分量的频率最高，可以认为是仅由噪声分量产生的。当滤掉白噪声所产生的前 m 级 IMF 分量后，滤除噪声后的信号可表示为式 (2-65)[26]：

$$x'(t) = x(t) - \sum_{i=1}^{m} c_i(t) \qquad (2\text{-}65)$$

基于白噪声特性的 EEMD 滤波方法的去噪效果由分解级数 m 确定。对于含噪信号，分解级数越高，滤波后的信号越平滑。但也有可能把有用的高频信号滤掉，因此如何确定分解级数就是基于白噪声特性的 EEMD 滤波方法的核心[21]。

在实际应用中，需要某种准则来确定最佳分解级数。根据文献[26]，本书选择分解停止的准则，如式 (2-66) 所示：

$$S_k = \left| \frac{(E_k \overline{T}_k + E_{k-1} \overline{T}_{k-1}) / 2}{\dfrac{1}{k-1} \sum_{i=1}^{k-1} E_i \overline{T}_i} \right| \qquad (2\text{-}66)$$

式(2-66)表示由第 k 层与第 $k-1$ 层 IMF 分量的能量密度和平均周期乘积所确定的平均值，与前 $k-1$ 层 IMF 分量的能量密度和平均周期乘积所确定的平均值的比值。当 $S_k \geqslant B(k \geqslant 2)$ 时分解停止，此处 B 取 2。

由于大多数信号混有的噪声水平未知，不能简单地确定信号的分解级数，基于白噪声特性的 EEMD 滤波方法为分解级数的确定开辟了途径，从而可实现信号去噪。

文献[27]研究表明，白噪声经 EMD 后的各个分量中，第一个分量的能量最大，除去第一个分量，其他分量的能量 $E_k(k \geqslant 2)$ 在半对数坐标上呈现线性变化。由此可以得出归一化白噪声序列经 EMD 后各层 IMF 分量的能量的估计，如式(2-67)所示[21, 27]：

$$E_k = \frac{E_1}{\beta}\rho^{-k}, \quad k = 2,3,4,\cdots \tag{2-67}$$

式中，参数 β 和 ρ 与 EMD 筛分过程中的迭代次数有关。Flandrin 给出了参数 β 和 ρ 的值，分别等于 0.719 和 2.01。

EEMD 是 EMD 的改进，理论上经其分解后的各 IMF 分量的能量应当服从经 EMD 后各 IMF 分量的能量的分布规律。

EEMD 时空滤波方法简单地去掉一个或多个 IMF 分量，但在很多情况下无法确定哪些 IMF 分量是仅由噪声产生的。基于白噪声统计特性的 EEMD 滤波方法是对 EEMD 时空滤波的改进，通过确定分解级数进而确定仅由噪声产生的 IMF 分量，具有一定的适用性。但是它仍然没有突破时空滤波的束缚，仍然是一种时空滤波器。实际应用中的很多信号，噪声和有用信号在 IMF 分量中存在混叠，直接用上述方法会导致丢弃的 IMF 分量中包含有用的信号，尤其是泄漏电流信号，其反映绝缘子污秽放电特征的重要信息集中在高频成分。如果采用上述方法进行泄漏电流信号除噪，则会去掉有用的高频分量。而在重构的各层 IMF 分量中，也存在着被分解到该层的噪声分量，不进行处理将使得部分噪声分量被当做有用信号重构[21]。

根据小波阈值去噪的原理，综合考虑 EEMD 的特性，可以在各层 IMF 分量上进行阈值估计和阈值去噪，从而重构出有用信号，这就是 EEMD 阈值去噪的基本思想。

EEMD 阈值去噪的主要问题集中在阈值估计上。根据归一化白噪声序列经 EEMD 后的各 IMF 分量的能量分布规律，可以估计出各层(除第一层之外)IMF 分量的能量。根据这一特征，同时结合小波阈值去噪的通用阈值，选取 EEMD 阈值去噪的阈值函数[28]如式(2-68)所示：

$$\text{Thr}_i = C\hat{\sigma}_i\sqrt{2\ln N} \tag{2-68}$$

式中，C 为有关常数，本书中 C 取 0.7；$\hat{\sigma} = \sqrt{E_i}$，$E_i$ 是各层的估计能量，详见式 (2-67)。

通常，最先分解出来的几层 IMF 分量是仅由噪声产生的，可直接滤除。随着分解层数增加，最后的几层 IMF 分量可认为是只由有用信号产生的，应当保留。只有中间的几层 IMF 分量既包含噪声分量又包含有用信号分量，需要进行 IMF 分量能量估计和阈值处理，如式 (2-69) 所示：

$$x_i'(n) = \sum_{i=M_1}^{M_2} c_i'(n) + \sum_{i=M_2+1}^{L} c_i(n) \tag{2-69}$$

实际应用中，EEMD 阈值去噪方法的步骤[21]如下。

(1) 对含噪的原始信号 $x(n)$ 进行 EEMD，得到多个 IMF 分量和一个剩余分量。

(2) 选择合适的 M_1、M_2，并采用式 (2-67) 和式 (2-68) 对第 M_1 层到第 M_2 层的 IMF 分量进行阈值估计。

(3) 根据式 (2-26) 小波硬阈值或式 (2-27) 小波软阈值进行滤波。

(4) 根据式 (2-69) 进行重构，得到去噪后的信号 $x_i'(n)$。

2. EEMD 在去除绝缘子泄漏电流中的应用

为了验证 EEMD 方法在非平稳信号去噪中的效果，采集绝缘子泄漏电流波形，如图 2-17(a) 所示，此时的信噪比相对较高。对其分别采用基于白噪声统计特性的 EEMD 去噪和基于阈值的 EEMD 去噪，结果分别如图 2-17(b) 和 (c) 所示。由去噪结果可以看出，基于阈值 EEMD 去噪保留了较多的波峰细节。

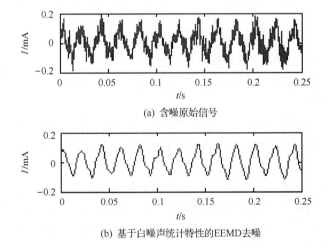

(a) 含噪原始信号

(b) 基于白噪声统计特性的EEMD去噪

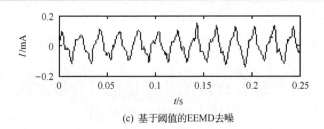

(c) 基于阈值的EEMD去噪

图 2-17　绝缘子泄漏电流原始波形和去噪结果(一)

采集信噪比较低时的绝缘子泄漏电流波形，如图 2-18(a)所示，对其分别采用基于白噪声统计特性的 EEMD 去噪和基于阈值的 EEMD 去噪，结果分别如图 2-18(b) 和(c)所示。由去噪结果可以看出，基于白噪声统计特性的 EEMD 去噪保留了较多的波峰细节信息。

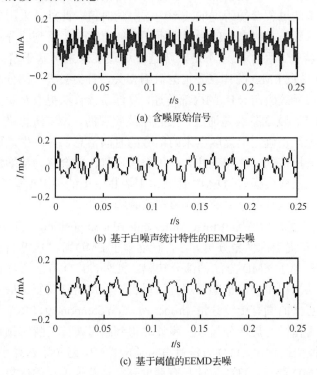

(a) 含噪原始信号

(b) 基于白噪声统计特性的EEMD去噪

(c) 基于阈值的EEMD去噪

图 2-18　绝缘子泄漏电流原始波形和去噪结果(二)

由此可以看出，两种方法去噪效果相近，都能较好地刻画绝缘子污闪发展初始阶段的泄漏电流特征，为后续的特征量提取奠定了基础。

2.3.4　结论

EEMD 方法极大地改进了 EMD 的模态混叠问题，在实际应用中已得到了很好的效果，但是，由于该方法仍然未改进 EMD 的其他问题，在实际应用中还会遇到一定的问题，如计算效率与数据相关，某些情况下会极大地影响执行速度。

2.4　基于 ITD 的非平稳信号分析方法及其在去噪中的应用

EMD 方法能够自适应处理非平稳信号，然而，该方法存在的不足，限制了它的实际应用[29]，主要表现为其计算时间和数据相关，可能会消耗较多时间，存在模态混叠、端点效应。EMD 采用筛选的方法计算 IMF，筛选过程有两个目标：①分割具有小幅值的高频波和具有大幅值的低频波；②平滑 IMF。但是，这两个目标是相互冲突的，原因是自然界中非平稳信号的高频波在幅值上具有瞬时的特性，而平滑幅值的过程会妨碍提取波形中这些瞬时值。此外，采用贪婪的筛选过程会使得计算时频信息时产生的错误向不同分解层传递，得到的分析结果无法真实反映信号的特征。除了上述不足，筛选过程还要求采用基于窗口的方式实现 EMD 过程，这导致 EMD 的计算开销与数据相关，且会丢失一部分时频信息。每次筛选会导致边界效应向 IMF 的内部传递，降低了该算法提取有意义的时频信息的能力。另外，EMD 的基线是通过扩展包络线实现的，该方法忽略了其他重要信息，从而导致无法正确定位提取出来的信号的时间信息，并产生虚假相位移动和失真。三次样条插值的过冲和下冲会产生虚假极值，并会移动或增加实际取值，这就导致使用三次样条插值的 EMD 计算出来的 IMF 上的关键点与原始信号不符，并且不能保证这些点具有原始信号应该有的时频信息。

固有时间尺度分解[29](intrinsic time-scale decomposition，ITD)是由 Frei 和 Osorio 在 2006 年提出的信号分析方法，它继承了 EMD 算法能够自适应处理信号的优势，同时避免了 EMD 方法的部分缺陷。此外，ITD 方法还具有非常高的计算效率。该方法采用单波分析的原理，可以自适应地将任意复杂信号分解为若干具有实际物理意义的固有旋转分量(proper rotation component，PRC)和一个单调趋势项(余量)，再由固有旋转分量进一步计算得到瞬时幅值、瞬时频率、波速和瞬时相位。与小波变换相比，ITD 方法具有自适应性[29]，避免了选择小波基的困扰。与 EMD 和 EEMD 相比，ITD 方法具有精度高、计算速度快的优势，为过滤噪声提供了一种新的途径[30, 31]。

2.4.1　ITD 方法简介

在 ITD 方法[29-31]中，假设 X_t(t 为时间)为待分析的原始信号，令 L 为基线提取算子。将 L 作用于原始信号 X_t 后，将计算后剩下的信号定义为固有旋转分量。若令 H 为固有旋转提取算子，则可得到计算关系 $H=1-L$。由此可进一步得到 X_t

的一次分解，如式(2-70)所示：

$$X_t = LX_t + (1-L)X_t = L_t + H_t \tag{2-70}$$

式中，L_t 表示基线信号；H_t 表示固有旋转分量。

令$\{\tau_k, k=1, 2, \cdots\}$为 X_t 的局部极值点，并假设端点处为极值点。若 X_t 在某一时间间隔内的取值为常数(在该时间间隔内取值不变)，将极值 τ_k 选择为该时间间隔的右端点(等同于定义右端点处为极值点)。为了简化符号，分别将 $X(\tau_k)$ 和 $L(\tau_k)$ 表示为 X_k 和 L_k。

令 L_t 和 H_t 的定义域为$[0, \tau_k]$，而 X_t 的定义域为$[0, \tau_{k+2}]$。在连续极值点(τ_k, τ_{k+1})范围内，定义的基线提取算子 L 如式(2-71)所示：

$$LX_t = L_t = L_k + \left(\frac{L_{k+1} - L_k}{X_{k+1} - X_k} \right)(X_t - X_k) \tag{2-71}$$

式中，L_{k+1} 的计算过程如式(2-72)所示：

$$L_{k+1} = \alpha \left(X_k + \left(\frac{\tau_{k+1} - \tau_k}{\tau_{k+2} - \tau_k} \right)(X_{k+2} - X_k) \right) + (1-\alpha)X_{k+1} \tag{2-72}$$

式中，$0<\alpha<1$，一般取 0.5。

按照式(2-42)和式(2-43)的计算过程可得到基线信号。进而得到固有旋转提取算子 H 的计算关系，如式(2-73)所示：

$$HX_t \equiv (1-L)X_t = H_t = X_t - L_t \tag{2-73}$$

每完成一次分解，都将得到的基线信号重新作为输入信号，并重复上面的分解过程，直到获得一个单调信号(或基线信号满足定义的某一停止分解条件)。这样就把原始信号分解为一系列固有旋转分量和一个余量。

由上述 ITD 过程可知以下几方面[29]。

(1)因为 X_t 在区间(τ_k, τ_{k+1})上是单调的，且 L_t 和 H_t 是在该区间上对 X_t 的线性变换，所以，L_t 和 H_t 在(τ_k, τ_{k+1})也是单调的。H_t 的极值，如$\{\tau_k, k\geqslant 1\}$，与输入信号 X_t 的极值重合。X_t 的极值或者是 L_t 的极值，或者是拐点。

(2)以跨极值间隔定义 X_t 分量的方式允许以递归的形式执行操作。该递归过程为：信号按照极值分为不同的间隔，在每个间隔内定义 X_t 的分量，当获得新的极值间隔时重复该定义过程，直到所有间隔都处理完。该递归过程能够高效执行，满足实时性的要求。因此，该方法既可以用于在线分析也可以应用于离线分析。

(3)通过 X_t 定义的分量与信号 X_t 位于同样的时间点。无论 X_t 是连续信号还是离散信号，该过程都适用。此外，该方法对原始信号是否按时间进行均匀采样没有要求。

（4）虽然 α 应根据实际需要取值，且通常取接近 0.5 的值，但是，其任何（0，1）区间内的取值都会产生固有旋转分量。α 的作用是进行增益控制，计算每次应用线性扩展时固有旋转分量的幅值。

（5）需要注意的是：①ITD 方法产生的固有旋转分量本质上不是唯一的，这体现在 α 的取值不同，分解得到的固有旋转分量不同；②分解是非线性的，即两个信号叠加后的分解结果并不等于这两个信号分别分解后的求和结果。

（6）提取得到的基线信号 L_t 在极值点 t 处的取值与输入信号 X_t 具有相同的平滑性和可微性。在极值处，连续基线分量是连续且可微的，但一般情况下不能二次可微。

（7）为了初始化间隔$[0, \tau_1]$上的分解，可以将信号的第一个点作为极值点，且定义 $L_0 = (X_{\tau_0} + X_{\tau_1})$。也可以进行其他的选择，如扩展信号的长度。初始化后得到的分解结果受间隔$[0, \tau_2]$的限制。

由 ITD 的过程可以看出，每次分解得到的固有旋转分量 H_t 代表的是该次输入信号的高频分量，基线信号 L_t 代表的是该次输入信号的低频分量。根据分解过程，进一步可得出式(2-74)必定成立：

$$
\begin{aligned}
X_t &= HX_t + \zeta X_t = HX_t + (H + \zeta)\zeta X_t \\
&= (H(1+\zeta) + \zeta^2)X_t \\
&= \left(H\sum_{k=0}^{p-1}\zeta^k + \zeta^p\right)X_t
\end{aligned}
\tag{2-74}
$$

式中，$H\zeta^k X_t$ 为第 $k+1$ 次分解得到的固有旋转分量；$\zeta^p X_t$ 为分解完成后的趋势项(以结束条件为基线为单调趋势项为例)，或者是单调趋势项之前的满足某一停止分解条件的基线信号。

式(2-75)说明，原始信号可分解为一系列固有旋转分量和一个余量的和。

由于定义了 $H + \zeta = 1$，所以有式(2-46)所示的压缩结果：

$$
1 - \zeta^p = (1 - \zeta)(1 + \zeta + \cdots + \zeta^{p-2} + \zeta^{p-1})
\tag{2-75}
$$

原始信号经 ITD 法分解后，得到一组固有旋转分量和一个趋势分量(余量)，各固有旋转分量和趋势分量分别包含不同的频率段，且各频率段按照分解时的顺序由高到低排列。由 ITD 方法的分解过程还可以看出，该方法不考虑信号的波形特征，可实现对任意信号(如非线性和非平稳信号)的分解，是一种具有自适应性的信号分析方法。

　　信号被分解为一组固有旋转分量和一个趋势项之后，ITD 方法进一步计算固有旋转分量可得到信号的瞬时相位、瞬时频率、瞬时幅度和波速[29-31]。

　　当计算固有旋转分量的瞬时相位时，ITD 方法将固有旋转分量分为不同的数据段(完整波形)，每个数据段为连续上过零点之间的波形，通过各个完整波形的计算达到求瞬时相位的目的。其计算如式(2-76)所示：

$$
\theta_t^1 = \begin{cases}
\arcsin\left(\dfrac{x_t}{A_1}\right), & t \in [t_1, t_2) \\[2mm]
\pi - \arcsin\left(\dfrac{x_t}{A_1}\right), & t \in [t_2, t_3) \\[2mm]
\pi - \arcsin\left(\dfrac{x_t}{A_2}\right), & t \in [t_3, t_4) \\[2mm]
2\pi + \arcsin\left(\dfrac{x_t}{A_2}\right), & t \in [t_4, t_5)
\end{cases}
\tag{2-76}
$$

　　或者如式(2-77)所示：

$$
\theta_t^1 = \begin{cases}
\left(\dfrac{x_t}{A_1}\right)\dfrac{\pi}{2}, & t \in [t_1, t_2) \\[2mm]
\left(\dfrac{x_t}{A_1}\right)\dfrac{\pi}{2} + \left(1 - \dfrac{x_t}{A_1}\right)\pi, & t \in [t_2, t_3) \\[2mm]
\left(-\dfrac{x_t}{A_2}\right)\dfrac{3\pi}{2} + \left(1 + \dfrac{x_t}{A_2}\right)\pi, & t \in [t_3, t_4) \\[2mm]
\left(-\dfrac{x_t}{A_2}\right)\dfrac{3\pi}{2} + \left(1 + \dfrac{x_t}{A_2}\right)2\pi, & t \in [t_4, t_5)
\end{cases}
\tag{2-77}
$$

　　式中，A_1 和 A_2 分别为固有旋转分量中连续两个上过零点之间的极大值的幅度和极小值的幅度，且满足条件 $A_1 > 0$ 和 $A_2 > 0$；t_1 和 t_5 为连续两个上过零点处的时刻；t_2 为 t_1 和 t_5 之间正半波极大值的时刻；t_3 为 t_1 和 t_5 之间下过零点的时刻；t_4 为 t_1 和 t_5 之间负半波极小值的时刻。

　　上述定义瞬时相位的过程保证了上过零点处的相位为 0、下过零点处的相位为 π、完整波形极大值处的相位为 $\pi/2$、完整波形极小值处的相位为 $3\pi/2$[30,31]。此外，原始信号的端点附近可能不是完整波形(不处于两个连续上过零点之间)，在这种情况下采用 ITD 分析信号时，可以当作 $[t_1, t_2]$ 的子区间进行处理。

　　式(2-76)和式(2-77)的计算过程类似，但式(2-77)避免了式(2-76)需要计算反三角函数的缺陷，更容易在计算机上实现，所以，在实际应用中一般使用式(2-77)来计算瞬时相位。

瞬时频率是通过计算瞬时相位的微分得到的，其具体计算过程如式(2-78)所示：

$$f = \frac{1}{2\pi} \frac{\mathrm{d}\theta_t}{\mathrm{d}t} \tag{2-78}$$

瞬时频率的计算方法适合分析非平稳信号，这主要体现在该方法不考虑信号的周期性，避免了在采用傅里叶频谱分析信号时依赖周期信号的缺陷，实现了提取动态特征的目的。

瞬时幅度的计算方法如式(2-79)所示：

$$A_t = \begin{cases} A_1, & t \in [t_1, t_3) \\ -A_2, & t \in [t_3, t_5) \end{cases} \tag{2-79}$$

波速是每个半波所用时间 2 倍的倒数。

传统的计算瞬时相位、瞬时频率和瞬时幅度的方法主要基于 Hilbert 变换，计算过程如式(2-80)所示：

$$\left. \begin{array}{l} \theta_t = \mathrm{angle}(R_t + jh[R_t]) \\ f_t = \dfrac{1}{2\pi} \dfrac{\mathrm{d}\theta_t}{\mathrm{d}t} \\ A_t = |R_t + jh[R_t]| \end{array} \right\} \tag{2-80}$$

式中，θ_t 为瞬时相位；f_t 为瞬时频率；A_t 为瞬时幅度；R_t 为 EMD 后所得 IMF 在 t 时刻的取值；$jh[R_t] = \mathrm{P.V.}\left[\dfrac{1}{\pi} \displaystyle\int_{-\infty}^{\infty} \dfrac{R_\tau}{t-\tau} \mathrm{d}\tau\right]$；P.V.为柯西积分时的主值[29]。

在采用 Hilbert 变换计算信号瞬时信息时，求得的结果存在边缘效应、非递归特性和偶然出现负频率的特点，一方面不适合在线分析，另一方面存在不易解释的成分(负频率)。ITD 方法计算出的瞬时信息克服了上述缺陷。

综上，与 EMD 方法相比，ITD 克服了其缺陷，这主要体现在以下几方面[29-31]。

(1)EMD 方法的处理速度与数据相关，往往效率较低；而 ITD 方法计算效率大大提高，有利于将其应用于实时信号处理。

(2)若采用加窗方式处理数据，当采用 EMD 方法分解信号时，端点效应会向内部传递，从而造成更大范围的错误；而 ITD 方法则不会出现传递现象，从而限制了断点效应影响的范围。

(3)ITD 不使用插值方法进行信号分析，而采用单波方式，从而避免了采用插值方法引入的问题。

(4)ITD 方法提出了瞬时频率等方法，避免了 HHT 中计算瞬时频率等成分时的问题。

(5)EMD 方法需要平滑 IMF，会丢失部分时频信息，而 ITD 产生的固有旋转分量的极值信息与输入的信号一致(在各时间点处的取值一致)，从而可以保证时频信息不丢失。

2.4.2　ITD 方法的改进及其在去噪中的应用

1. ITD 方法存在的问题

ITD 方法存在旋转混叠和端点效应。为了说明这些缺陷,采集绝缘子泄漏电流,如图 2-19 所示。由图 2-19 可以看出:①泄漏电流呈现周期性的变化规律;②泄漏电流信号并不平滑,存在一定量的噪声。

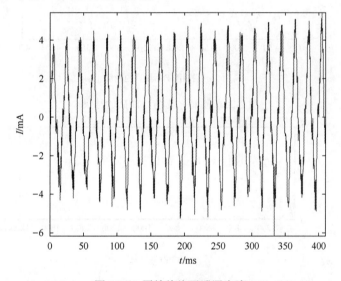

图 2-19　原始绝缘子泄漏电流

采用 ITD 方法,将图 2-19 的信号分解为两个固有旋转分量和一个余量,结果如图 2-20 所示。其中, 图 2-20(a)为采用 ITD 后得到的 PRC_1;图 2-20(b)为采用 ITD 后得到的 PRC_2;图 2-20(c)为采用 ITD 后得到的余量。由图 2-20 中的 PRC_2 和余量可以看出, 二者存在很多相似的波形成分。为了进一步分析该现象, 分别求 PRC_2 和余量的频谱, 结果如图 2-21 所示。其中, 图 2-21(a)为 PRC_2 的频谱;图 2-21(b)为余量的频谱。由图 2-21 可以看出, 二者在 50Hz 处和 150Hz 处存在大量的交叉成分。也就是说, 当采用 ITD 方法对泄漏电流进行分解时, 得到的固有旋转分量和余量可能存在大量的频率交叉现象, 这将影响对泄漏电流分析的结果。为了方便后面的讨论，记这种现象为旋转混叠。

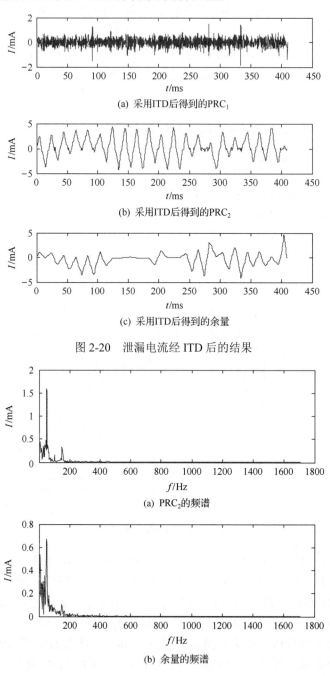

(a) 采用ITD后得到的PRC_1

(b) 采用ITD后得到的PRC_2

(c) 采用ITD后得到的余量

图 2-20　泄漏电流经 ITD 后的结果

(a) PRC_2的频谱

(b) 余量的频谱

图 2-21　PRC_2 和余量的频谱

由图 2-20(a)可以看出，PRC_1 的右端点附近存在明显的突变值。但由图 2-19 可以看出，原始信号的右端点并没有突变特征。可见，采用 PRC_1 在端点附近的特征分析原始信号是不准确的。也就是说，当采用 ITD 方法对泄漏电流进行分解时，得到的固有旋转分量和余量可能在端点附近存在虚假信息，导致分析出错。为了方便后面的讨论，记这种现象为端点效应。

2. ITD 方法的改进

ITD 方法存在旋转混叠主要是在确定信号的极值点时极值点的位置具有随机性引起的，即当按照式(2-71)计算余量时，没有考虑极值点的跨度对计算结果的影响，从而导致各个固有旋转分量含有的频率成分具有不确定性，产生了旋转混叠现象。

根据对 ITD 方法产生旋转混叠原因的分析，只要在按照式(2-71)计算时，充分考虑极值点的跨度带来的影响，即可解决旋转混叠问题。在离散小波变换过程中，每次分解时的尺度是上一次分解时尺度的 2 倍，以实现小波系数所含频率成分的独立性。受此启发，在 ITD 的第 n 次分解过程中，引入时间距离尺度 D_n 以实现对极值点跨度的限制，即在应用式(2-71)计算之前，先判断 L_{k+1} 和 L_k 之间时间间隔 d_{k+1} 与 D_n 之间的关系，以及 L_{k+2} 和 L_{k+1} 之间时间间隔 d_{k+2} 与 D_n 之间的关系，然后再进行计算。具体来说，将式(2-72)修改为式(2-81)：

$$L_{k+1} = \begin{cases} X_t, & d_{k+1} > D_n \text{且} d_{k+2} > D_n \\ \text{同式}(2\text{-}72), & \text{其他} \end{cases} \qquad (2\text{-}81)$$

式中，D_n 为第 n 次分解时的时间距离尺度。

在对泄漏电流分解时，D_n 取值为

$$D_n = \begin{cases} \dfrac{1000}{f} \times 2, & n = 1 \\ D_{n-1} \times 4, & n \geqslant 2 \end{cases} \qquad (2\text{-}82)$$

式中，1000 为 1000ms；f 为采样频率；$\dfrac{1000}{f}$ 为以 ms 为单位的采样间隔。

式(2-82)取上次跨度的 4 倍，一方面是为了加快分解速度，另一方面是因为经试验证明该范围能够取得较好的效果。

ITD 方法存在端点效应的原因，是式(2-72)是根据相邻的 3 个极值点估算其中第二个极值点处的趋势值。ITD 算法假设两个端点处为极值点，但该假设可能与实际不相符，从而造成分解结果中端点附近的估算值可能出现错误。解决 ITD 方法的端点效应的有效方法之一是对信号进行延拓，扩展两端的数据点数。

　　绝缘子从受潮到发生闪络要经历一定的发展过程，且泄漏电流在波形上表现为阶段性[32, 33]，可以认为泄漏电流在局部波形上具有相似性。因此，可采用信号中已有的相似数据段对信号两端进行延拓。

　　以左端延拓为例，其思想是：取原始信号 s 最左端长度为基波的半个周期的数据，用 l 存储；取原始信号中和 l 在波形上最相近的一段数据，并用该数据段左侧基波的半个周期长度的数据对信号的最左端进行延拓。具体过程用 MATLAB 伪代码表示如下。

　　(1) for $i=1:f/50/2$ %取原始信号左端基波的半个周期长度的数据；

　　(2) $l(i)=s(i)$;

　　(3) end;

　　(4) $i=f/50+1$;

　　(5) $j=1$;

　　(6) while i LENGTH$(s)\ominus f/50/2+1$;

　　(7) 从 i 开始取 $f/50/2$ 个数据赋给 x;

　　(8) 计算 x 与 l 的距离 q，并赋给 $w(j)$;

　　(9) $j=j+1$;

　　(10) $i=i+f/50$;

　　(11) end;

　　(12) 取数组 w 中的最小值，并确定该最小值在原始信号中对应的数据段 p;

　　(13) 取步骤(12)确定的数据段 p 左侧 $f/50/2$ 长度的数据赋给 r;

　　(14) 用 r 对原始信号左端进行延拓。

　　伪代码说明如下。

　　(1) 上述步骤中，f 表示采样频率。$f/50$ 表示单位基波周期内的采样点数。因为泄漏电流在频谱上主要体现为基波和谐波，所以，在延拓时选择基波的半个周期的长度：一方面，体现对这些成分的重视；另一方面，这可以保证延拓数据中至少存在一个基波上的极值点。

　　(2) 步骤(8)中的距离 q 依据式(2-83)进行计算：

$$q = \sum_{k=1}^{\text{LENGTH}(l)} \left(x(k)-l(k) \right)^2 \tag{2-83}$$

式中，LENGTH(l) 为数组 l 的长度。

　　(3) 基于说明(1)，步骤(10)取移动的间隔为一个基波周期的长度。

　　原始信号的右端延拓类似于左端延拓。这里不再赘述。

　　综上，改进 ITD 的过程描述如下。

　　(1) 对原始信号两端进行延拓，并将延拓后的数据作为输入信号。

(2) 根据实际分析的需要，确定分解次数 m。

(3) 判断当前的分解次数是否小于等于 m，是，转过程 (4)；否则，转过程 (10)。

(4) 求输入信号的极值点。

(5) 根据式 (2-81) 求所有 L_{k+1} 的值。

(6) 根据式 (2-71) 计算所有 LX_t 的值。

(7) 根据式 (2-73) 计算固有旋转分量 HX_t。

(8) 截取 H_t 中与原始信号等位置处的值，得到一个固有旋转分量。

(9) 取 L_t 为输入信号，转过程 (3)。

(10) 结束分解。

3. ITD 改进方法在去噪中的应用

信号经分解后，如果能掌握信号在所得到的子信号上的能量分布，将对去噪工作大有帮助。由 2.2.4 节的小波去噪原理可知，去噪过程主要是对各个含有噪声的子信号进行阈值处理。将阈值处理后的子信号进行重构，即可得到去噪结果。掌握信号的主要能量分布对于去噪效果具有重要影响。

这里以绝缘子泄漏电流为例，讨论将改进 ITD 方法应用于去噪时应解决的问题。绝缘子泄漏电流中的有用成分主要为低频信号，而噪声通常为高频信号。因此，在对泄漏电流去噪时，不必对低频成分进行去噪处理。

为了保证泄漏电流主要能量对应的低频成分不被去噪时误消除，设某一频率成分 f_b (低频成分) 的能量为泄漏电流的主要能量，且其在所有主要能量成分中的频率取值最高。当采用改进 ITD 方法对泄漏电流去噪时，若当分解次数为 m 时余量含 f_b，而当分解次数为 $m+1$ 时余量不含 f_b，则不必进行第 $m+1$ 次分解，这是因为无论是否分解，都不会对新分解出来的旋转分量进行去噪处理（保证主要能量不损失）。这可以保证所有主要能量对应的低频成分都在余量上，不参与去噪处理，既可以达到最佳的去噪效果，又可以节省分解时的开销。可见，满足上述情况的 m 即去噪时的最佳分解次数。

由式 (2-82) 可知，D_n 是 D_{n-1} 的 4 倍，而在计算 D_1 时，取两个间隔点之间的时间差。因此，PRC_1 的频率范围主要集中在 $f/4 \sim f/2$ 范围内（f 是采样频率），而 $PRC_n (n>1)$ 的频率范围主要集中在 $f/4^i \sim f/4^{i-1}$ 范围内。

由上面的讨论可知，当 m 满足式 (2-84) 时：

$$\frac{f}{4^{m+1}} \leqslant f_b < \frac{f}{4^m} \tag{2-84}$$

为使用改进 ITD 方法对泄漏电流去噪时的最佳分解次数。式 (2-84) 中，f 是采样频率。

由式 (2-84)，可以得到使用改进 ITD 方法对泄漏电流去噪时，最佳分解次数的计算公式，如式(2-85)所示：

$$m = \left[\log_4 \left(\frac{f}{f_b \times 4} \right) \right] \tag{2-85}$$

证明如下。

由式(2-84)可知 $4^{m-1} < \dfrac{f}{f_b \times 4} \leqslant 4^m$ ，

所以：$m - 1 < \log_4 \dfrac{f}{f_b \times 4} \leqslant m$

所以：$\log_4 \dfrac{f}{f_b \times 4} \leqslant m < \log_4 \dfrac{f}{f_b \times 4} + 1$

又因为 m 为正整数(否则，分解也就没有了意义)，所以式(2-85)必成立。

泄漏电流中的特征数据包括周期信号和陡脉冲信号。泄漏电流去噪后应该能保留必要的特征数据。为此，需要解决：①选择含噪声的固有旋转分量；②为含噪声的固有旋转分量设置合适的阈值。按照式(2-85)的计算结果采用改进 ITD 方法对泄漏电流进行分解后，低频成分集中在余量上，而噪声主要集中于各个固有旋转分量上。可见，根据式(2-85)的计算结果对泄漏电流分解后，得到的各个固有旋转分量均主要含噪声，都需要进行阈值处理以实现去噪。

借鉴小波阈值的原理，计算含噪声的 PRC_i 的阈值 T_i 表达式，如式(2-86)所示：

$$T_i = h_i \times \sigma_i \tag{2-86}$$

式中，σ_i 为 PRC_i 噪声方差的估计；h_i 为根据通用阈值函数(2-87)计算获得：

$$h_i = \sqrt{2 \ln N_i} \tag{2-87}$$

式中，N_i 为 PRC_i 的长度。

虽然式(2-86)中的 σ_i 为 PRC_i 噪声方差的估计，且其计算过程可借鉴小波阈值中噪声方差的估计方法，但不完全相同。这是由于 ITD 过程引入的距离尺度会导致 PRC_i 中可能存在一定量的 0 值，若不将其剔除会影响噪声方差的估计结果。因此，首先采用函数 REMOVEZERO 去掉 PRC_i 中的 0 值，得到信号序列 z_i：

$$z_i = \text{REMOVEZERO}(y_i) \tag{2-88}$$

式中，y_i 用于存储 PRC_i 的值序列；REMOVEZERO 用于去除 y_i 中的 0 值，返回不含 0 值的序列。

然后，根据 z_i 估计噪声的方差：

$$\sigma_i = \frac{\text{MEDIAN}(\text{ABS}(z_i))}{0.6745} \tag{2-89}$$

式中，ABS 用于取序列 z_i 的绝对值；MEDIAN 用于取中值。

为含噪声的 PRC_i 设置好阈值后，需要对其进行量化处理以消除噪声。处理的方法主要有两种：软阈值和硬阈值。软阈值的处理方式：

$$\overline{P} = \begin{cases} 0, & |y_{i,j}| \leqslant T_i \\ y_{i,j} - T_i, & |y_{i,j}| > T_i \end{cases} \tag{2-90}$$

硬阈值的处理方式：

$$\overline{P} = \begin{cases} 0, & |y_{i,j}| \leqslant T_i \\ y_{i,j}, & |y_{i,j}| > T_i \end{cases} \tag{2-91}$$

式 (2-90) 和式 (2-91) 中的 $y_{i,j}$ 表示 PRC_i 中的第 j 个值。

综上，采用改进 ITD 方法对绝缘子泄漏电流去噪的过程描述如下。

(1) 根据式 (2-85) 计算对泄漏电流去噪时改进 ITD 方法的分解次数 m。

(2) 采用改进 ITD 方法对泄漏电流进行分解，得到 m 个固有旋转分量和一个余量。

(3) 按照式 (2-86) 计算各个固有旋转分量的阈值 T_i。

(4) 根据式 (2-90) 或者式 (2-91) 对各个固有旋转分量进行量化。

(5) 重构信号，得到原始信号的去噪结果。

按照上述的去噪过程，对图 2-19 的泄漏电流波形进行去噪。由于采样频率 $f=$ 10kHz，按照式 (2-85) 计算得到 $m=2$。采用改进 ITD 方法对图 2-19 的信号进行分解，结果如图 2-22 所示，其中，图 2-22 (a) 为 PRC_1，图 2-22 (b) 为 PRC_2，图 2-22 (c) 为余量。图 2-23 为 PRC_2 和余量的频谱，其中，图 2-23 (a) 为 PRC_2 的频谱，图 2-23 (b) 为余量的频谱。

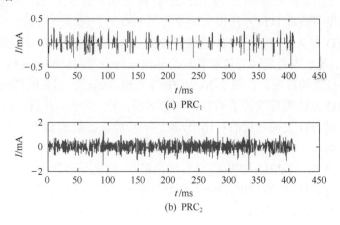

(a) PRC_1

(b) PRC_2

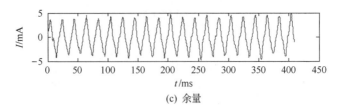

(c) 余量

图 2-22　泄漏电流经改进 ITD 方法分解后的结果

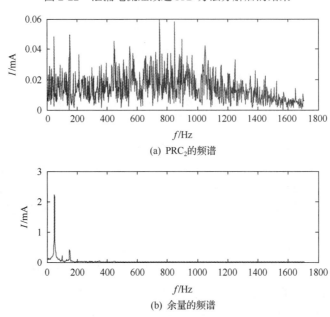

(a) PRC$_2$的频谱

(b) 余量的频谱

图 2-23　PRC$_2$ 和余量的频谱

　　由图 2-22 可以看出，噪声主要分布在 PRC$_1$ 和 PRC$_2$ 中。由图 2-23 可以看出，50Hz、150Hz 等成分主要集中在余量上，与图 2-21 中 50Hz、150Hz 等成分分布于 PRC$_2$ 和余量上的结果相比，采用改进 ITD 方法分解泄漏电流后各频段分布更加集中。这说明改进 ITD 方法极大地改善了 ITD 的旋转混叠问题。

　　改进 ITD 方法还改善了 ITD 的端点效应。这可以从两个方面得到验证：一方面，图 2-22 中各个固有旋转分量和余量的端点处均没有明显的突变值，符合图 2-19 原始信号端点处的特征，而图 2-20 中 PRC$_1$ 右端点附近有明显的虚假突变值，这说明改进 ITD 方法明显改善了 ITD 的端点效应；另一方面，从后面的改进 ITD 方法去噪效果和 ITD 去噪效果的对比中，也进一步验证改进 ITD 方法改善了 ITD 端点效应的事实。

　　按照式(2-86)对 PRC$_1$ 和 PRC$_2$ 进行阈值处理。这里采用软阈值对 PRC$_1$ 和 PRC$_2$ 进行量化，并由量化后的 PRC$_1$、PRC$_2$ 和余量重构信号，得到去噪结果如图 2-24(a) 所示。图 2-24(b)是图 2-24(a)最右端 70 个点的放大结果。由图 2-24 可以看出，

图 2-19 信号中的噪声被极大地消除，信号平滑了很多；同时，该信号中的周期成分、突变成分(如 333ms 处的突变值)也被较好地保留下来了。

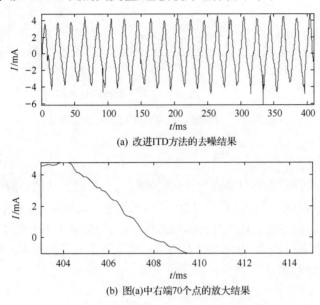

(a) 改进ITD方法的去噪结果

(b) 图(a)中右端70个点的放大结果

图 2-24　泄漏电流经改进 ITD 去噪的结果

为了说明改进 ITD 方法的去噪效果优于 ITD，这里采用未改进 ITD 方法对图 2-19 的泄漏电流进行去噪。由图 2-20 可以看出，图 2-19 泄漏电流经 ITD 后噪声主要集中在 PRC_1 中。借鉴小波固定阈值的原理对 PRC_1 进行软阈值处理，并重构信号得到去噪结果如图 2-25(a)所示。图 2-25(b)是图 2-25(a)最右端 70 个点的放大结果。

虽然图 2-25(a)和图 2-24(a)的去噪结果都较为平滑，但由图 2-25(b)可知，采用 ITD 去噪后信号右端点附近起伏较大，这是因为 ITD 方法存在端点效应，导致去噪时的量化过程不准确，造成去噪后端点附近出现大的波动。而改进 ITD 方法不存在端点效应，使得去噪后如图 2-24(b)所示的右端点附近平缓很多。这表明，改进 ITD 方法能有效解决 ITD 方法的端点效应问题，去噪效果也更可取。

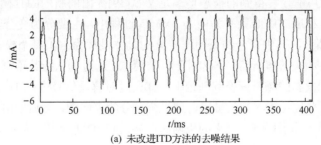

(a) 未改进ITD方法的去噪结果

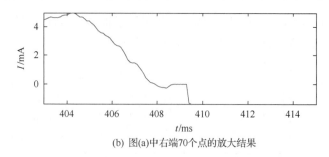

(b) 图(a)中右端70个点的放大结果

图 2-25　泄漏电流经未改进 ITD 的去噪结果

2.4.3　结论

　　ITD 方法执行效率高且具有自适应性的特点，但该方法的分解结果具有旋转混叠和端点效应问题，改进 ITD 方法可以极大地避免这些缺陷。和小波变换相比，ITD 方法具有可以实现自适应分析信号的优点，和 EEMD 方法相比，ITD 方法具有执行效率高的优点。该方法在已有的信号中取得了较好的效果，但需要在更多的信号处理中进行验证。

2.5　变分模态分解分析方法及其在去噪中的应用

2.5.1　变分模态分解算法

　　变分模态分解（VMD）算法是 Dragomiretskiy 等于 2014 年提出的一种新的非递归的自适应信号处理方法[34]。该方法是在变分问题框架中，利用交替方向乘子法（alternate direction method of multipliers，ADMM）迭代搜索变分模型最优解，实现每个模态的估计带宽之和最小，并且使各模态分量均分别紧紧围绕在对应的中心频率附近。该方法本质是维纳滤波，因此具有很好的噪声鲁棒性[34-37]。VMD 解决了 EMD 等递归算法中包络线误差造成的模态混叠，以及易受噪声干扰等问题[34, 37]。

　　VMD 是一种新的自适应和准正交的分解方法，可以将由多成分组成的信号分解成数个有限带宽的固有模态函数（band-limited intrinsic mode functions，BLIMFs）[38]，其中分解得到的模态均满足文献[39]提出的新的固有模态函数（IMF）的定义，且以相应的中心频率为中心。VMD 过程中，主要分为变分约束问题的建立和求解两部分，其中变分约束问题建立的具体过程为：①每个模态通过 Hilbert 变换计算与之相关的解析信号；②对于每个模态，通过加入指数项调整各自估计的中心频率，把模态的频谱变换到基带上；③通过对解调信号进行 H^1 高斯平滑，估计出该信号的带宽；④这样就可以得到一个变分约束问题，然后采用二次罚函数项和拉格朗日乘子算子得到一个无约束问题，如式 (2-92) 所示[2]，最后求解该问题。

$$\begin{cases} \min\limits_{\{u_k\},\{w_k\}} \left\{ \sum\limits_k \left\| \partial_t \left[\left(\delta(t) + \dfrac{j}{\pi t} \right) u_k(t) \right] e^{-j\omega_k t} \right\| \right\} \\ \text{s.t.}\ \sum\limits_k u_k = f \end{cases} \tag{2-92}$$

式中，$\{u\}=\{u_1, \cdots, u_k\}$ 为分解得到的 K 个模态分量；$\{\omega\}=\{\omega_1, \cdots, \omega_K\}$ 为各模态分量的中心频率。

变分约束问题的求解就是在变分框架内通过搜索约束变分模型最优解来实现信号的自适应分解，可以看作寻找 K 个模态函数 $u_k(t)$，令每个模态的估计带宽之和最小，各模态之和等于输入信号 $f(t)$。为了求解上述约束变分问题的最优解，将约束性变分问题变为非约束性变分问题，引入二次惩罚因子 α 和拉格朗日算子 $\lambda(t)$，构成扩展的拉格朗日表达式，如式 (2-93) 所示：

$$\begin{aligned} L(\{u_k\},\{\omega_k\},\{\lambda\}) &= \alpha \sum_k \left\| \partial_t \left[\left(\delta(t) + \frac{j}{\pi t} \right) u_k(t) \right] e^{-j\omega_k t} \right\|^2 \\ &+ \left\| f(t) - \sum_k u_k(t) \right\|_2^2 + \langle \lambda(t), f(t) - \sum_k u_k(t) \rangle \end{aligned} \tag{2-93}$$

式中，α 为二次惩罚因子，其大小与信号中所含噪声水平成反比，调整 α 可以保证信号的重构准确度；$\lambda(t)$ 为拉格朗日算子，用来保持约束条件的严格性。

VMD 中采用了乘法算子交替方向法解决以上变分问题，通过交替更新 u_k^{n+1}、ω_k^{n+1} 和 λ^{n+1} 寻求扩展拉格朗日表达式的鞍点。

其中，u_k^{n+1} 的取值可以表述为

$$u_k^{n+1} = \underset{u_k \in X}{\arg\min} \left\{ \alpha \left\| \partial_t \left[\left(\delta(t) + \frac{j}{\pi t} \right) u_k(t) \right] e^{-j\omega_k t} \right\|_2^2 + \left\| f(t) - \sum_i u_i(t) + \frac{\lambda(t)}{2} \right\|_2^2 \right\} \tag{2-94}$$

式中，ω_k 等同于 ω_k^{n+1}；$\sum_i u_i(t)$ 等同于 $\sum_{i \neq k} u_i(t)^{n+1}$。

利用 Parseval/Plancherel 傅里叶等距变换将式 (2-94) 转变到频域，即

$$\hat{u}_k^{n+1} = \underset{\hat{u}_k, u_k \in X}{\arg\min} \left\{ \alpha \| j\omega[(1 + \text{sgn}(\omega + \omega_k))\, \hat{u}_k(\omega + \omega_k)] \|_2^2 + \left\| \hat{f}(\omega) - \sum_i \hat{u}_i(\omega) + \frac{\hat{\lambda}(\omega)}{2} \right\|_2^2 \right\} \tag{2-95}$$

将第一项中的 ω 用 $\omega - \omega_k$ 代替，得

$$\hat{u}_k^{n+1} = \underset{\bar{u}_k, u_k \in X}{\arg\min} \left\{ \alpha \parallel \mathrm{j}(\omega - \omega_k)[(1 + \mathrm{sgn}(\omega))\hat{u}_k(\omega)] \parallel_2^2 + \left\| \hat{f}(\omega) - \sum_i \hat{u}_i(\omega) + \frac{\hat{\lambda}(\omega)}{2} \right\|_2^2 \right\}$$

$$(2\text{-}96)$$

将式(2-96)转换成非负频率区间积分的形式：

$$\hat{u}_k^{n+1} = \arg\min \left\{ \int_0^\infty 4\alpha(\omega - \omega_k)^2 \mid \hat{u}_k^n(\omega) \mid^2 + 2 \left| \hat{f}(\omega) - \sum_i \hat{u}_i(\omega) + \frac{\hat{\lambda}(\omega)}{2} \right|^2 \mathrm{d}\omega \right\}$$

$$(2\text{-}97)$$

因此，可求得二次优化问题的最优解，即

$$\hat{u}_k^{n+1}(\omega) = \frac{\hat{f}(\omega) - \sum_{i \neq k} \hat{u}_i(\omega) + \dfrac{\hat{\lambda}(\omega)}{2}}{1 + 2\alpha(\omega - \omega_k)^2}$$

$$(2\text{-}98)$$

根据同样的计算过程，将中心频率的求解过程转换到频域，即

$$\omega_k^{n+1} = \underset{\omega_k}{\arg\min} \left\{ \int_0^\infty (\omega - \omega_k) \mid \hat{u}_k(\omega) \mid^2 \mathrm{d}\omega \right\}$$

$$(2\text{-}99)$$

进一步可以求得中心频率的更新方法：

$$\omega_k^{n+1} = \frac{\displaystyle\int_0^\infty \omega \left| \hat{u}_k(\omega) \right|^2 \mathrm{d}\omega}{\displaystyle\int_0^\infty \left| \hat{u}_k(\omega) \right|^2 \mathrm{d}\omega}$$

$$(2\text{-}100)$$

式中，$\hat{u}_k^{n+1}$ 为当前剩余量 $\hat{f}(\omega) - \sum_{i \neq k} \hat{u}_i(\omega)$ 的维纳滤波；ω_k^{n+1} 为当前模态函数功率谱的中心。对 $\{\hat{u}_k(\omega)\}$ 进行傅里叶逆变换，取实部即可得到时域模态分量 $\{u_k(t)\}$。

VMD 具体实现步骤如下。

(1)初始化 $\{\hat{u}_k^1\}$、$\{\omega_k^1\}$、$\hat{\lambda}^1$、n，令其初始值均为 0，将分解模态数 K 设置为某个合适的正整数。

(2)根据式(2-98)和式(2-100)分别更新 u_k 和 ω_k。

(3)$\hat{\lambda}$ 更新，$\hat{\lambda}^{n+1}(\omega) \leftarrow \hat{\lambda}^n(\omega) + \tau[\hat{f}(\omega) - \sum_k \hat{u}_k^{n+1}(\omega)]$。

(4) 若满足停止条件 $\sum_{k} \left\| u_k^{n+1} - u_k^n \right\|_2^2 \Big/ \left\| u_k^n \right\|_2^2 < \varepsilon$，则停止迭代，输出分解模态 u_k 和中心频率 ω_k；否则返回步骤 (2)。

从最终的算法看，VMD 算法非常简单：第一，各模态直接在频域不断更新，最后通过傅里叶逆变换到时域；第二，作为各模态的功率谱重心，中心频率被重新预估，并以此循环更新。

2.5.2　基于双阈值筛选法的 VMD 算法分解模态数 K 的确定

采用 VMD 算法进行信号处理，需要预先设定模态分量的个数 K，其设置是否合理直接影响最终的分解结果的好坏。预设 K 值小于被处理信号中有用成分的个数，会造成分解不充分，致使一些 BLIMFs 不能被分解出来；预设 K 值大于被处理信号中有用成分的个数，则会造成过分解，产生一些无用的虚假分量，干扰原信号中有用成分的分析。因此，K 值的确定在 VMD 算法中占有至关重要的地位。由于 VMD 算法研究刚刚起步，目前关于如何确定模态数 K 的研究还很少。文献[2]通过观察 VMD 后各模态的中心频率是否相近来判断是否欠分解或过分解，进而择优选取 K 值。但该方法没有明确的衡量标准，存在很强的主观性，且不能直接通过程序自动确定，需要对被分析信号进行多次 VMD，工作量较大。文献[3]提出采用粒子群优化算法来确定 K 值，虽然可以通过程序自动确定 K 值，但该方法计算量很大，且优化结果敏感依赖于算法中参数的设置。

经 VMD 算法分解得到的模态分量均紧紧围绕对应的中心频率，且具有窄带特性[1]，因此可以根据被分析信号的频域特点来确定模态数 K。根据 VMD 算法的特点，本书提出一种基于信号功率谱来确定模态数 K 的方法，即双阈值筛选法。该方法的基本思想是将信号功率谱横坐标(被分析信号的整体频率)分为若干个有限频带，然后根据各频带内的频率幅值来判断该频带是否为有效频带，最后统计有效频带的个数，即 VMD 模态分量数 K。

1. 双阈值筛选法的基本原理

由 2.5.1 节可知，VMD 算法实现过程中，模态分量 u_k 和相应中心频率 ω_k 均是在频域内通过求解二次优化问题实现的。对于每个模态分量 u_k 需要通过 Hilbert 变换计算与之相关的解析信号，通过加入指数项调整各自估计的中心频率，把模态的频谱变换到基带上，带宽通过对解调信号进行 H^1 高斯平滑来估计。计算得到的每个模态分量均是紧紧围绕相应中心频率的，并且具有窄带特性[1]。

功率谱表示了信号功率随频率的变化关系[40]，通过功率谱中纵轴峰值可以判断相应频率成分能量的大小。

设信号 $f(t)$ 的快速傅里叶变换(FFT)为 $F(\omega)$，则有

$$F(\omega) = \int_{-\infty}^{\infty} f(t)\mathrm{e}^{-\mathrm{j}\omega t}\mathrm{d}t \qquad (2\text{-}101)$$

其功率谱为

$$P(\omega) = \frac{1}{2\pi}\big|F(\omega)\big|^2 \qquad (2\text{-}102)$$

　　局部放电信号具有较强的随机性，其功率谱分散性较强。图 2-26 为某次电晕放电的功率谱图。

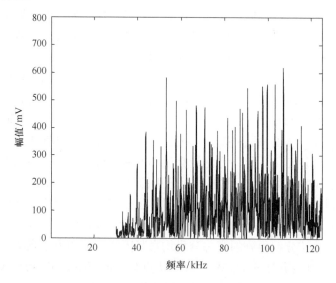

图 2-26　电晕放电的功率谱图

　　局部放电信号往往是由多种子信号叠加的复杂的非平稳信号，并且通常还包含多种干扰成分，其中每种局部放电信号都有相应的频域特性。VMD 算法的目标就是通过分解得到对应于原信号中不同放电成分的模态分量，且每个模态分量都具有窄带特性。因此，可以将局部放电信号的整个频段分成若干个具有窄带特性的带宽，根据相应带宽中的频率幅值来判断该频带是否为有效频带，有效频带的个数即模态数 K。

　　综合 VMD 模态和信号功率谱的特点，本书提出一种基于局部放电信号功率谱频率间隔阈值(横阈值 T_1)和幅值阈值(纵阈值 T_2)的双阈值筛选法，来确定局部放电信号的分解模态数 K。双阈值筛选法中横阈值 T_1 用来度量原信号中各放电成分的带宽，根据横阈值 T_1 可将原信号的整个频段分成若干个有限频带，分别对应原信号中可能存在的放电的频带。纵阈值 T_2 用来度量信号功率谱中相应频率的幅值，幅值超过纵阈值 T_2 的频率看作原信号中的有用频率成分，加以保留；幅值过小的频率看作原信号中的干扰成分，可以忽略不计。

采用双阈值筛选法确定模态数 K 的具体实现步骤如下。

(1)根据被分析局部放电信号的频域特点,选取合理的横阈值 T_1 和纵阈值 T_2。

(2)计算局部放电信号相应的功率谱。

(3)全局搜索局部放电信号功率谱的局部极大值点,并得到相应的下标序列。

(4)根据横阈值 T_1 将步骤(3)中得到的局部极大值点对应的下标序列划分到相应的频带中,邻近的多个极值点视为一个有效频率,且取其中幅值最大的极值点作为该频带内有效频率的幅值。

(5)根据纵阈值 T_2,对步骤(4)中得到的各频带内的有效频率的幅值进行判断。幅值大于纵阈值 T_2 的视为有用的频率成分,相应的频带作为被分析信号的有效频带。

(6)统计有效窄带的个数,即 VMD 的模态数 K。

2. 自适应阈值选取方案

双阈值筛选法实现的关键在于阈值 T_1 和 T_2 的确定。若设定统一的阈值,必然不适用于不同类型的局部放电信号。此外,如果对不同局部放电信号根据经验手动一一确定阈值,势必增加工作量。因此,如何根据局部放电信号的特征自适应地选取横阈值 T_1 和纵阈值 T_2 具有重要意义。

(1)横阈值 T_1 的确定。横阈值 T_1 是用来度量被分析信号中模态分量的带宽的,因此可以根据被分析信号的频域特征来确定横阈值。

局部放电信号的测量方法直接影响其频域特征。常用的局部放电信号检测方法有脉冲电流法、超高频法和超声法。脉冲电流法采用的传感器为耦合电容,如变压器套管末屏或电流传感器,其测量频带一般为脉冲电流信号的低频段部分,通常为数 kHz 至数百 kHz[41]。超高频检测又分为超高频窄带检测和超高频超宽频带检测,前者中心频率在 500MHz 以上,带宽十几 MHz 或几十 MHz,后者带宽可达几 GHz[42]。在变压器中,超声传感器的谐振频率一般在 150kHz 左右[43],清华大学的朱德恒等建议选择超声传感单元的频带为 70~180kHz。综上所述,不同测量方法得到的局部放电信号的频域特征差异很大。因此,在选择横阈值 T_1 时,首先要根据测量方法确定被分析局部放电信号的有效频带范围。

本章根据局部放电信号中各成分的窄带特性,将局部放电信号的整体频段分成若干个具有窄带特性的带宽。划分的窄带带宽 f_{band} 根据测量方法和放电类型有所不同。本书主要研究基于脉冲电流法采集的局部放电信号。大量研究发现,根据测量频带和局部放电信号类型,基于脉冲电流法采集到的局部放电信号的划分带宽 f_{band} 的范围为 5~10kHz。相应的横阈值为 $T_1 = f_{band} \times N / (f_{max} - f_{min})$,其中 f_{max} 和 f_{min} 分别为被分析局部放电信号的最大和最小频率,N 为局部放电信号的采样点数,f_{band} 根据不同局部放电信号的频域特性进行选取。

(2)纵阈值 T_2 的确定。由双阈值筛选法原理可知，根据纵阈值 T_2 可以将局部放电信号功率谱按其纵坐标(频率幅值)划分为有用频率成分和干扰频率成分两类。由电晕放电功率谱(图 2-26)可以看出，幅值较大的频率成分的纵坐标范围较大且分散，而幅值较小的频率成分则比较集中。本书提出根据 Otsu 准则[44]确定纵阈值 T_2 ，即选取某纵阈值 T_2 令有用频率成分和干扰频率成分两类数据点间的方差最大，此时两类数据点之间的差异也最大。基于 Otsu 准则确定纵阈值 T_2 的基本原理如下。

设将局部放电信号功率谱幅值看作长度为 N 的离散序列 $\{x_i, i = 1, 2, \cdots, N\}$ ， $x_{\max}$ 、 $x_{\min}$ 分别为该序列的最大值和最小值。

为了描述方便，引入灰度概念，即对应功率谱中频率幅值的大小。设定灰度等级 L (频率幅值大小的等级)，令 $d_x = (x_{\max} - x_{\min})/L$ 。统计幅值落在 $[(l-1)d_x, ld_x]$ 范围内的值的个数 n_l ，其中 $l = 1, \cdots, L$ 称为灰度值， n_l 称为灰度值为 l 时的像素。灰度值 n_l 出现的概率为 $p_l = n_l/N$ ，其中 N 为总像素数， $N = n_1 + n_2 + \cdots + n_L$ 。

设以 kd_x 作为阈值将序列 $\{x_i\}$ 的频率幅值分成两类，即频率幅值落在 $[0, kd_x]$ 范围内的构成一类，记作 C_0 ；频率幅值落在 $[(k+1)d_x, Ld_x]$ 范围内的构成另一类，记作 C_1 。两类的灰度均值为 $\mu_0(k)$ 和 $\mu_1(k)$ ，方差为 $\sigma_0^2(k)$ 和 $\sigma_1^2(k)$ ，计算公式如下：

$$P_0(k) = \sum_{l=1}^{k} p_l \tag{2-103}$$

$$P_1(k) = \sum_{l=k+1}^{L} p_l = 1 - P_0(k) \tag{2-104}$$

$$\mu_0(k) = \sum_{l=1}^{k} l \frac{p_l}{P_0(k)} = \frac{1}{P_0(k)} \sum_{l=1}^{k} l p_l \tag{2-105}$$

$$\mu_1(k) = \sum_{l=k+1}^{L} l \frac{p_l}{P_1(k)} = \frac{1}{P_1(k)} \sum_{l=k+1}^{L} l p_l \tag{2-106}$$

$$\sigma_0^2(k) = \sum_{l=1}^{k} (l - \mu_0(k))^2 \frac{p_l}{P_0(k)} \tag{2-107}$$

$$\sigma_1^2(k) = \sum_{l=k+1}^{L} (l - \mu_1(k))^2 \frac{p_l}{P_1(k)} \tag{2-108}$$

C_0 和 C_1 两类间的类内方差之和为

$$\sigma_b^2(k) = P_0(k)(\mu_0(k) - \mu(k))^2 + P_1(k)(\mu_1(k) - \mu(k))^2 \tag{2-109}$$

式中，μ 为整个序列的灰度均值，计算公式为

$$\mu = \sum_{l=1}^{L} l p_l = P_0(k)\mu_0(k) + P_1(k)\mu_1(k) \tag{2-110}$$

则可以确定最优阈值为 $k^* d_x$，令

$$\sigma_b^2\left(k^*\right) = \max_{1 \leqslant k < L} \quad \sigma_b^2(k) \tag{2-111}$$

综合式 (2-103)～式 (2-111)，可以得到最优纵阈值，即 $T_2 = k^* d_x$。

2.5.3　VMD 算法在去噪中的应用

1. 基于 VMD 算法去噪的原理

VMD 与 EMD 和 EEMD 等递归方法相比具有明显的优势。本书提出一种基于 VMD 算法的局部放电信号去噪方法。将含噪声的放电信号进行 VMD，对各模态分量进行阈值处理，然后将去噪后的各模态分量进行重构，得到去噪后的放电信号。

基于 VMD 的去噪方法的关键是阈值的确定和处理，本书采用标准阈值函数确定阈值，其公式如下：

$$\text{Thr} = \sigma\sqrt{2\ln N} \tag{2-112}$$

式中，N 为信号长度；σ 为噪声分量的标准差，$\sigma = \text{MEDIAN}(|x|)/q$，$q$ 取值范围为 0.4～10，具体取值与实验数据有关。

硬阈值函数和软阈值函数是两种常用的阈值量化函数。与硬阈值函数相比，软阈值函数的处理结果更为平滑，因此本书采用软阈值函数，如式 (2-113) 所示：

$$u_k^{\text{denoise}}(t) = \begin{cases} \text{sgn}(u_k(t))\left(\left|u_k(t)\right| - \text{Thr}\right), & \left|u_k(t)\right| \geqslant \text{Thr} \\ 0, & \left|u_k(t)\right| < \text{Thr} \end{cases} \tag{2-113}$$

本书采用信噪比 (signal-to-noise ratio, SNR) 和波形相关系数 (normalized correlation coefficient, NCC) 对信号去噪质量进行量化分析。其中，SNR 越高表明噪声消除得越彻底；NCC 越大表明去噪后的信号与原信号的相似度越高[43]。二者的表达式分别为

$$\text{SNR} = 10\lg \frac{\sum_{n=1}^{N} x^2(n)}{\sum_{n=1}^{N} \left[x'(n) - x(n)\right]^2} \tag{2-114}$$

$$NCC = \frac{\sum_{n=1}^{N} x(n)x'(n)}{\sqrt{\sum_{n=1}^{N} |x(n)|^2 \sum_{n=1}^{N} |x'(n)|^2}} \qquad (2\text{-}115)$$

式中，$x(n)$ 为原始信号；N 为信号长度；$x'(n)$ 为去噪后的信号。

2. 基于 VMD 算法去噪的仿真实验

去噪的仿真实验采用单指数和双指数衰减振荡函数(式(2-116)、式(2-117))。两种放电信号发生在不同时刻。采样频率为 $f_s = 1\text{GHz}$；单指数衰减振荡函数 s_1 的幅值为 $A_1 = 60\text{mV}$，频率为 $f_1 = 30\text{MHz}$；双指数衰减振荡函数 s_2 的幅值为 $A_2 = 120\text{mV}$，频率为 $f_2 = 10\text{MHz}$。在原信号上加入信噪比为 5dB 的白噪声，并添加幅值为 1mV，频率分别为 35MHz、10MHz、55MHz 和 100MHz 的 4 种周期窄带干扰。原放电信号和加噪后的信号分别如图 2-27(a)和(b)所示。由图 2-27 可见，加噪后的放电信号中一些幅值较小的有用信号被噪声淹没，难以直接区分。

$$s_1(t) = A_1 e^{-(t-t_0)/\tau} \sin(2\pi f_1 t) \qquad (2\text{-}116)$$

$$s_2(t) = A_2 [e^{-1.3(t-t_0)/t} - e^{-2.2(t-t_0)/t}] \sin[2\pi f_2 (t-t_0)] \qquad (2\text{-}117)$$

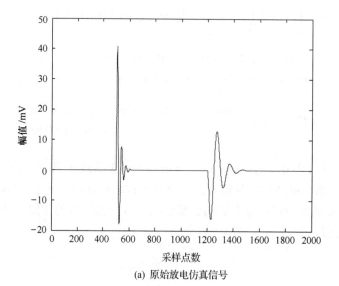

(a) 原始放电仿真信号

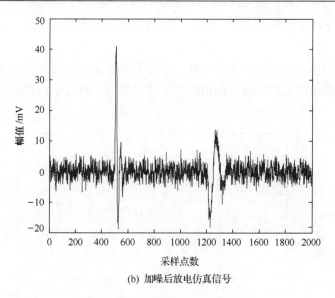

(b) 加噪后放电仿真信号

图 2-27　局部放电仿真信号

　　分别用基于 VMD 算法的去噪方法、基于 EMD 算法的去噪方法和小波去噪方法对上述加噪放电仿真信号进行处理。

　　根据 2.5.2 节介绍的双阈值筛选法确定使用 VMD 算法时的分解模态数。图 2-28 是染噪信号的功率谱，图 2-28 中标示的圆圈，是通过双阈值筛选法得到的某两个有效带中最大频率的峰值。据此可以确定该信号中包含两种不同频率的

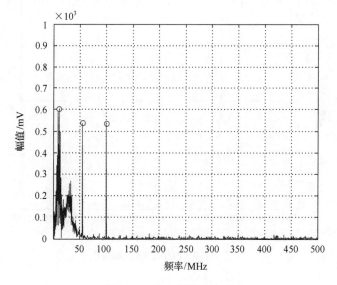

图 2-28　染噪信号功率谱

有用成分，分解模态数 $K=3$，与原信号相符，证明双阈值筛选法可以有效确定分解模态数 K。

　　EMD 自适应分解得到 12 层 IMF。小波去噪方法中小波基选取 db8 小波，分解为 3 层，采用固定阈值和软阈值处理方式。采用 3 种方法得到的去噪信号如图 2-29 所示。

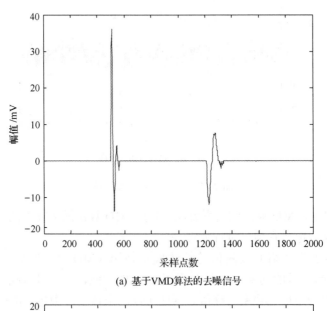

(a) 基于VMD算法的去噪信号

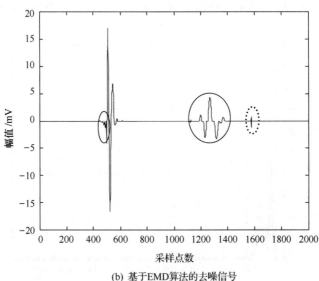

(b) 基于EMD算法的去噪信号

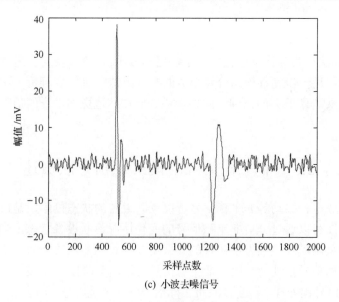

(c) 小波去噪信号

图 2-29　不同方法得到的去噪信号

由图 2-29 可知，基于 VMD 算法的去噪方法能有效滤除信号中的白噪声和周期窄带干扰，去噪后的信号较为平滑，与原信号的波形基本相似。基于 EMD 算法的去噪方法虽然也可以滤除白噪声和窄带干扰，但去噪后的波形发生了严重畸变（图 2-29(b) 实线圈内），与原信号波形相比差异较大，且仍保留部分噪声（图 2-29(b) 虚线圈内）。小波去噪方法得到的去噪信号中虽然有用信息得以较好地保留，但仍存在周期窄带干扰，部分有用信号仍淹没在噪声中。

采用 SNR 和 NCC 对信号去噪质量进行量化分析，上述三种方法的去噪结果如表 2-1 所示。

表 2-1　SNR 和 NCC 结果比较

去噪方法	SNR	NCC
基于 VMD 的去噪方法	9.6235	0.9665
基于 EMD 的去噪方法	3.1105	0.7835
小波去噪方法	8.6982	0.9336

由表 2-1 可知，基于 VMD 的去噪方法具有最高的 SNR 和 NCC，即基于 VMD 算法的去噪方法的效果最佳。这是由于 VMD 算法实质上是多个自适应维纳滤波组，具有很好的噪声鲁棒性，且 VMD 算法可以正确分离信号中的模态分量，不会造成模态混叠，因此对 VMD 的模态分量使用阈值的去噪效果更好。

2.5.4　结论

VMD 算法在实际检验中也取得了很好的效果,但仍需要对其进行更多的研究工作,例如,进一步完善模态分量个数的确定方法、进一步分析二次惩罚因子 α 和拉格朗日乘法算子 λ 的范围。此外,还需要在其他更加多样的信号处理中去检验其效果。

2.6　非平稳信号的模式识别方法概述

变压器放电、振动等非平稳信号可以反映设备的状态信息,是诊断其故障的信息来源,即可以通过分析非平稳信号的变化情况诊断设备状态。当前诊断设备故障主要是采用模式识别方法实现的。采用模式识别方法诊断故障主要经历三个阶段:非平稳信号预处理阶段、非平稳信号特征提取阶段和模式识别阶段。

非平稳信号预处理阶段主要负责去除信号中的干扰成分,如去噪。其研究主要集中在数字滤波器和现代滤波技术两个方面[45],这些方法又可以归纳为三个方向,分别是经典的数字滤波器[46]、自适应滤波器[47]和最新的信号处理分析方法[48-51],包括小波变换、EMD 及其改进算法等。由于小波变换和 EMD 及其改进算法可以很好地适应非平稳信号处理,所以,它们成为研究非平稳去噪主要采用的方法。这也是本章前面部分重点介绍的内容。

非平稳信号特征提取阶段主要负责提取信号的特征量并将其输出,其结果作为模式识别阶段的输入[52, 53]。特征提取阶段以预处理后的非平稳信号作为研究对象,采用不同的技术实现特征量的提取,这些技术主要分为两类:一类是采用通用方法实现特征量的提取,如当前研究火热的深度学习方法[54];另一类是领域专家根据领域知识,采用一定的措施,提取出可反映设备故障的多个特征构成特征量[52, 53]。前者的优点是可以减少对领域知识的依赖,缺点是需要较多的样本,要求收集的数据量较大;后者的优点是对样本的需求比较灵活,缺点是需要领域知识,对人的要求较高。

模式识别阶段以特征量为样本,并将其输入模型,实现模型的训练,并根据训练结果和新采集的数据,诊断出设备的状态。当前电力系统中常用的模式识别方法主要有贝叶斯分类器(bayes classifier,BC)[55]、人工神经网络(artificial neural network,ANN)[56]、支持向量机(support vector machine,SVM)[57]等。可以根据应用的需求采用不同的方法实现故障的诊断。

本书的后面部分将详细介绍变压器各类信号的特征提取方法和模式识别方法的研究成果。

参 考 文 献

[1] 李莉, 朱永利, 宋亚奇, 等. 变压器绕组多故障条件下的振动信号特征提取[J]. 电力自动化设备, 2014, 34(8): 140-146.

[2] 陆琳, 崔艳华. 基于振动信号的变压器分接开关触头故障诊断[J]. 电力自动化设备, 2012, 32(1): 93-97.

[3] 贾亚飞, 朱永利, 王刘旺, 等. 基于 VMD 和多尺度熵的变压器内绝缘局部放电信号特征提取及分类[J]. 电工技术学报, 2016, 31(19): 208-217.

[4] 唐炬, 宋胜利, 李剑, 等. 局部放电信号在变压器绕组中传播特性研究[J]. 中国电机工程学报, 2002, 22(10): 91-96.

[5] 金广厚, 王庆, 李燕青, 等. 局部放电超声信号在变压器模型中的传播[J]. 高电压技术, 2003, 29(9): 14-15, 38.

[6] 周力行, 何蕾, 李卫国. 变压器局部放电超声信号特性及放电源定位[J]. 高电压技术, 2003, 29(5): 11-13, 16.

[7] 王宏禹, 邱天爽, 陈喆. 非平稳随机信号分析与处理[M]. 北京: 国防工业出版社, 2008.

[8] 保铮. 非平稳信号分析与处理[M]. 北京: 国防工业出版社, 1998.

[9] 朱启兵. 基于小波理论的非平稳信号特征提取与智能诊断方法研究[D]. 沈阳: 东北大学博士学位论文, 2005.

[10] 康玉梅. 基于小波分析的岩石类材料声发射源定位方法研究[D]. 沈阳: 东北大学博士学位论文, 2009.

[11] 蒋庆. 巨型框架结构的地震反应及基于小波分析的损伤研究[D]. 合肥: 合肥工业大学博士学位论文, 2011.

[12] 刘春亮. 基于小波变换的非平稳信号处理[D]. 秦皇岛: 燕山大学硕士学位论文, 2006.

[13] 毛艳辉. 小波去噪在语音识别预处理中的应用[D]. 上海: 上海交通大学硕士学位论文, 2010.

[14] Ma X, Zhou C, Kemp I J. Automated wavelet selection and threshold for PD detection[J]. Electrical Insulation Magazine, 2002, 18(2): 37-45.

[15] 朱宁辉, 白晓民, 董伟杰. 基于 EEMD 的谐波检测方法[J]. 中国电机工程学报, 2013, 33(7): 92-98.

[16] 杨茂, 陈郁林. 基于 EMD 分解和集对分析的风电功率实时预测[J]. 电工技术学报, 2016, 31(21): 86-93.

[17] Huang N E, Shen Z, Long S R, et al. The empirical mode decomposition and the Hilbert spectrum for nonlinear and non-stationary time series analysis[J]. The Royal Society, 1998, 454: 903-995.

[18] Suda T. Frequency characteristics of leakage current wave-forms of an artificially polluted suspension insulator[J]. IEEE Transactions on Dielectrics and Electrical Insulation, 2001, 8(4): 705-710.

[19] 时世晨. EEMD 时频分析方法研究和仿真系统设计[D]. 上海: 华东师范大学硕士学位论文, 2011.

[20] Suda T. Frequency characteristics of leakage current waveforms of a string of suspension insulators[J]. IEEE Transactions on Power Delivery, 2005, 20(1): 481-486.

[21] 孙金宝. 绝缘子泄漏电流的 Hilbert 谱分析及特征提取[D]. 保定: 华北电力大学硕士学位论文, 2011.

[22] Wu Z, Huang N E. Ensemble empirical mode decomposition: A noise-assisted data analysis method[J]. Advances in Adaptive Data Analysis, 2009, 1(1): 1-41.

[23] Huang N E, Wu Z. A review on Hilbert-Huang transform: Method and its applications to geophysical studies[J]. Reviews of Geophysics, 2008, 46: 1-23.

[24] Flandrin P, Rilling G, Gonçalvés P. Empirical mode decomposition as a filter bank[J]. IEEE Signal Process Letters, 2004, 11(2): 112-114.

[25] Wu Z, Huang N E. A study of the characteristics of white noise using the empirical mode decomposition[C]. Proceedings of the Royal Society of London A: Mathmatical, Physical and Engineering Science, 2004, 460: 1597-1611.

[26] 陈凯. 基于经验模式分解的去噪方法[J]. 石油地球物理勘探, 2009, 44(5): 603-608.

[27] Flandrin P, Goncalves P, Rilling G. EMD equivalent filter banks, from interpretation to applications[C]. Montreal: Hilbert- Huang Transform: Introduction and Applications, World Scientific, 2005: 67-87.

[28] Kopsinis Y, McLaughin S. Development of EMD-based denoising methods inspired by wavelet thresholding[J]. IEEE Transactions on Signal Processing, 2009, 57(4): 1351-1362.

[29] Frei M G, Osorio I. Intrinsic time-scale decomposition: Time-frequency-energy analysis and real-time filtering of non-stationary signals[J]. Proceedings of the Royal Society A, 2007, 463: 321-342.

[30] 顾小昕. 基于固有时间尺度分解的信号分析与干扰抑制技术研究[D]. 西安: 西安电子科技大学硕士学位论文, 2010.

[31] 李雪. 基于固有时间尺度分解的数字调制识别[D]. 西安: 西安电子科技大学硕士学位论文, 2010.

[32] 陈伟根, 夏青, 李璟延, 等. 绝缘子污秽预测新特征量的泄漏电流时频特性分析[J]. 高电压技术, 2010, 36(5): 1107-1112.

[33] 姚陈果, 李璨延, 米彦, 等. 绝缘子安全区泄漏电流频谱特征提取及污秽状态预测[J]. 中国电机工程学报, 2007, 27(30): 1-8.

[34] Dragomiretskiy K, Zosso D. Variational mode decomposition[J]. IEEE Transactions on Signal Processing, 2014, 62(3): 531-544.

[35] 刘长良, 武英杰, 甄成刚. 基于变分模态分解和模糊 C 均值聚类的滚动轴承故障诊断[J]. 中国电机工程学报, 2015, 35(13): 1-8.

[36] 唐贵基, 王晓龙. 参数优化变分模态分解方法在滚动轴承早期故障诊断中的应用[J]. 西安交通大学学报, 2015, 49(5): 73-81.

[37] 高艳丰, 朱永利, 闫红艳, 等. 基于 VMD 和 TEO 的高压输电线路雷击故障测距研究[J]. 电工技术学报, 2016, 31(1): 24-33.

[38] 谢平, 江国乾, 武鑫, 等. 基于多尺度熵和距离评估的滚动轴承故障诊断. 计量学报, 2013, 34(6):548-553.

[39] Daubechies I, Lu J, Wu H. Synchrosqueezed wavelet transforms: An empirical mode decomposition-like tool[J]. Applied and Computational Harmonic Analysis, 2011, 30(2): 243-261.

[40] 郑君里, 应启珩, 杨为理. 信号与系统上册[M]. 2 版. 北京: 高等教育出版社, 2000.

[41] 周玉钏. 变压器局部放电诊断方法研究[J]. 电气开关, 2012(2): 47-49.

[42] 郭俊, 吴广宁, 张血琴, 等. 局部放电检测技术的现状和发展[J]. 电工技术学报, 2005, 20(2): 29-35.

[43] 李军浩, 韩旭涛, 刘泽辉, 等. 电气设备局部放电检测技术述评[J]. 高电压技术, 2015, 41(8): 2583-2601.

[44] 许向阳, 宋恩民, 金良海. Otsu 准则的阈值性质分析[J]. 电子学报, 2009, 37(12): 2716-2719.

[45] 杜鹏飞. 心电信号的预处理及特征提取算法研究[D]. 郑州: 郑州大学硕士学位论文, 2015.

[46] 赵培瑶, 向凤红, 毛剑琳, 等. 基于 Matlab 的不同数字滤波器对语音信号的去噪效果[J]. 化工自动化及仪表, 2016, 43(7): 717-719.

[47] 袁鹏飞, 杨燕翔, 廖国军, 等. 语音去噪 LMS 自适应滤波器算法的改进[J]. 电子设计工程, 2011, 19(1): 80-83.

[48] 范小龙, 谢维成, 蒋文波, 等. 一种平稳小波变换改进阈值函数的电能质量扰动信号去噪方法[J]. 电工技术学报, 2016, 31(14): 219-226.

[49] 马宏伟, 张大伟, 曹现刚, 等. 基于 EMD 的振动信号去噪方法研究[J]. 振动与冲击, 2016, 35(22): 38-40.

[50] 王恩俊, 张建文, 马晓伟, 等. 基于 CEEMD-EEMD 的局部放电阈值去噪新方法[J]. 电力系统保护与控制, 2016, 44(15): 93-98.

[51] 黄建才, 朱永利. 基于 FFT 和 ITD 的绝缘子泄漏电流去噪[J]. 电力自动化设备, 2013, 33(10): 101-106.

[52] 陈柄任, 李颖晖, 李哲, 等. 基于流形学习的 PMSM 早期匝间短路故障特征提取[J]. 电力系统保护与控制, 2016, 44(17): 18-24.

[53] 何川, 舒勤, 贺含峰, 等. ICA 特征提取与 BP 神经网络在负荷预测中的应用[J]. 电力系统及其自动化学报, 2014, 26(8): 40-46.

[54] 石鑫, 朱永利. 深度学习神经网络在电力变压器故障诊断中的应用[J]. 电力建设, 2015, 36(12): 116-122.

[55] 赵文清. 基于选择性贝叶斯分类器的变压器故障诊断[J]. 电力自动化设备, 2011, 31(2): 44-47.

[56] 成立, 李茂军, 许武, 等. RBF 神经网络在风电场年度发电量估算中的应用[J]. 电力系统及其自动化学报, 2016, 28(11): 32-36.

[57] 王继东, 宋智林, 冉冉, 等. 基于改进支持向量机算法的光伏发电短期功率滚动预测[J]. 电力系统及其自动化学报, 2016, 28(11): 9-13.

第3章 基于油色谱数据的变压器故障诊断

3.1 变压器油中溶解气体含量与变压器状态的对应关系

变压器油中溶解气体分析(DGA)根据油中气体的组分和含量来判断变压器有无异常情况[1-5]，是保证电力系统安全运行的有效手段。

3.1.1 油中溶解气体的组分

目前大型电力变压器几乎都是用绝缘油作为电气主绝缘和散热的。绝缘油又称变压器油，是由各种碳氢化合物组成的混合物，主要包括烷烃、环烷烃、芳香烃、烯烃等。正常电力变压器在长期运行中，内部的绝缘材料在热场、电场、湿度、氧化以及外部的破坏和影响等因素作用下会发生绝缘老化、裂解、材质劣化等现象，除产生非气态的劣化产物，还会产生少量的氢、低分子烃类气体和碳的氧化物；在热和电故障的情况下，也会产生这些气体。这两种来源的气体在技术上不能分离，在数值上也没有严格的界限[6-8]。这些可燃和非可燃气体多达 20 多种，这就需要合理选取油中溶解气体的某一类或者某几类组合作为检测分析的对象，因此，如何选取油中溶解气体的组分，对准确有效地分析诊断变压器故障类型、程度以及故障的发展趋势极其关键。

油中溶解气体的检测种类，在国外可多达 12 种，DL/T 722—2000《变压器油中溶解气体分析和判断导则》[6]中规定了 9 种气体，即 CO、CO_2、H_2、CH_4、C_2H_6、C_2H_2、C_2H_4、N_2、O_2。其中，除了 N_2 和 O_2 是推荐气体，其余 7 种气体都是故障情况下可能增长的气体，所以是必测组分，其中 CH_4、C_2H_6、C_2H_2 和 C_2H_4 这 4 种气体统称为总烃，简写为 $C_1 + C_2$。

国外也有人主张将 C_3 烃类气体纳入检测分析对象[9, 10]，作为故障信息的补充，增加故障诊断的精度。基于国内的技术和设备现状，油中溶解气体的选取首先应注重诊断的准确性。在确保诊断准确性的前提下，分析对象数量越少越好。在故障诊断方面，若必需的最小限度的分析对象足够，分析气体过多反而是不经济的。基于上述原因，分析 C_3、C_4 烃类气体就显得没有必要。

3.1.2 正常运行变压器的油中气体含量

在 101.3kPa、25℃时，运行正常的电力变压器，油中气体含量很少，油中溶解的气体组分主要是 O_2 和 N_2，其中，O_2 占 20%～30%，N_2 占 80%～70%，其他可燃气体(CH_4、C_2H_6、C_2H_4、C_2H_2、H_2 和 CO 等)占总量的 0.01%～0.1%。变压器油中总烃含量一般低于 150μL/L。变压器油中 H_2 含量一般低于 150μL/L。变压器油中 CO、CO_2 含量比空气中的含量大一个数量级，且与电力变压器运行年限有关，运行年限越长，其数值越大，这是绝缘材料老化的象征[11, 12]。表 3-1 给出了正常变压器油中烃类气体的统计极限含量[7]。

表 3-1　正常变压器油中烃类气体的统计极限含量　　　　　(单位：μL/L)

气体组分	H_2	CH_4	C_2H_6	C_2H_2	C_2H_4	总烃
含量	15	60	4	10	70	150

表 3-2 给出了一些国家经过对几千台电力变压器的跟踪调查，统计出的未发生故障的变压器油中溶解气体浓度的上限值[8]。

表 3-2　无故障变压器油中溶解气体浓度的上限值含量　　　　(单位：μL/L)

运行年限/年	H_2	CH_4	C_2H_6	C_2H_2	C_2H_4	CO	CO_2
3	200	100	100	15	150	500	6000
7	250	200	200	35	300	1000	11000

3.1.3　变压器内部故障与特征气体含量对应关系

在正常情况下，变压器内部的绝缘油以及固定绝缘材料，在热和电的作用下，逐渐老化、变质和受热分解出少量的 H_2 和低分子烃类以及 CO 和 CO_2 气体。当变压器内部发生故障时，这种分解作用就会加强，这些气体的产量会迅速增加，所形成的气泡在油中经对流、扩散不断溶解到变压器中，并对应不同故障类型，所产生的故障气体种类、油中溶解气体的浓度和各种气体含量的相对比例关系也各不相同。电力变压器的故障初期，故障产生的气体溶解于变压器油中。轻度故障的电力变压器，其油中溶解的可燃性气体含量为 0.1%～0.5%。当电力变压器故障的能量较大时，就会聚集成游离气体。故障电力变压器可燃性气体总量在 0.5% 以上。因此，依据电力变压器油中溶解气体的含量进行电力变压器运行状态的评估、故障诊断和预测是切实可行的[11-14]。局部放电属于低能量故障，通过离子反应主要重新化合成 H_2 而积累。产生大量 C_2H_4 的温度约为 500℃，高于 CH_4 和 C_2H_6 的生成温度，但在较低的温度时也有少量 C_2H_4 生成。大量 C_2H_2 是在电弧的弧道中产生的。C_2H_2 的生成温度一般为 800℃～1200℃，当温度降低时，C_2H_2 作为重新化合的稳定物而积累，但是在温度低于 800℃ 的情况下也会有少量 C_2H_2 生成。油气氧化反应伴随生成少量的 CO 和 CO_2，并长期积累成为数量显著的特征气体。纸、层压板或木板等固体绝缘材料的热稳定性比变压器油弱，并能在较低的温度下重新化合，在生成水的同时，生成大量的 CO 和 CO_2 及少量烃类气体和呋喃化合物，而且变压器油会被氧化[6, 8]。

一般来说，对于不同性质的故障，绝缘物分解产生的气体不同，而对于同一性质的故障，由于故障的程度可能不尽相同，所产生的气体的数量也会有所不同。所以，根据变压器油中气体的组分和含量，可以判断故障的性质以及故障的严重程度。表 3-3 给出了判断变压器故障性质的特征气体的特点，这些特点对故障性质有较强的针对性，比较直观，容易掌握。

表 3-3　变压器故障特征气体特点

序号	故障性质	特征气体的特点
1	一般过热(低于 500℃)	总烃较高，CH_4 含量大于 C_2H_4，C_2H_2 占总烃的 2%以下
2	严重过热(高于 500℃)	总烃高，CH_4 含量小于 C_2H_4，C_2H_2 占总烃的 5.5%以下，H_2 占氢烃总量的 27%以下
3	局部放电	总烃不高，H_2 含量大于 100μL/L，并占氢烃总量的 90%以上，CH_4 含量占总烃的 75%以上
4	火花放电	总烃不高，C_2H_2 含量大于 10μL/L，占总烃的 25%以上，H_2 一般占氢烃总量的 27%以上，C_2H_4 占总烃的 18%以下
5	电弧放电	总烃较高，C_2H_2 占总烃的 18%~65%，H_2 占氢烃总量的 27%以上
6	过热兼电弧放电	总烃较高，C_2H_2 占总烃的 5.5%~18%，H_2 占氢烃总量的 27%以下

应用上述特征气体，必须注意以下几点。

(1)C_2H_2 是故障点周围变压器分解的特征气体。C_2H_2 的含量是区分过热和放电两种故障的主要指标。但大部分过热故障，特别是当出现高温热点时，也会产生少量的 C_2H_2。因此不能绝对地认为只要出现 C_2H_2，就意味着放电故障发生了。例如，当温度达到 1000℃以上时，会产生大量的 C_2H_2，但 1000℃以上的高温既可能是能量较大的放电引起的，也可能是导体过热引起的。另外，低能量的局部放电，并不产生 C_2H_2 或仅产生很少量的 C_2H_2。

(2)H_2 是油中发生放电分解的气体，但是 H_2 的产生又不完全由放电引起。当 H_2 含量增大，而其他组分不增加时，可能有以下原因：①设备进水或有气泡存在，引起水和铁的化学反应；②在较高的电场强度作用下，水或气体分子分解；③有电晕放电产生；④由固体绝缘材料受潮后加速老化产生。

(3)在正常情况下，变压器内部的绝缘油以及固定绝缘材料，在热和电的作用下，逐渐老化和受潮分解，会缓慢地产生少量的 H_2 和低分子烃类以及 CO 和 CO_2。

人们对大型变压器的诊断和检查结果进行比较、分析后，归纳出了特征气体中主要成分与变压器异常情况的关系，如表 3-4 所示[10]。

表 3-4　特征气体中主要成分与变压器异常情况的关系

主要成分	异常情况	具体情况
H_2 主导型	局部放电、电弧放电	绕组层间短路，绕组击穿；分接开关触头间局部放电，电弧放电短路
CH_4、C_2H_4 主导型	过热、接触不良	分接开关接触不良，连接部位松动，绝缘不良
C_2H_2 主导型	电弧放电	绕组短路，分接开关切换器闪络

DL/T 722—2000《变压器油中溶解气体分析和判断导则》将不同的故障类型产生的主要特征气体和次要特征气体归纳为表 3-5。表 3-5 中故障气体的组分和含量与电力变压器故障的类型及其严重程度有密切关系。因此，分析油中溶解气体的组分含量与产气速率，能够尽早发现电力变压器内部的潜伏性故障，并随时监测故障发展的情况[6]。

表 3-5　油浸式变压器不同故障类型产生的气体组分

故障类型	主要气体组分	次要气体组分
油过热	CH_4，C_2H_4	H_2，C_2H_6
油和纸过热	CH_4，C_2H_4，CO，CO_2	H_2，C_2H_6
油纸绝缘中局部放电	H_2，CH_4，CO	C_2H_6，CO_2
油中火花放电	H_2，C_2H_2	
油中电弧	H_2，C_2H_2	CH_4，C_2H_4，C_2H_6
油和纸中电弧	H_2，C_2H_2，CO，CO_2	CH_4，C_2H_4，C_2H_6

注：进水受潮或油中气泡可能使 H_2 含量升高。

3.2　油色谱故障诊断研究现状

3.2.1　油中气体色谱分析方法

传统方法是指人们在长期的科学研究和变压器故障诊断实践中通过摸索、总结出来的利用绝缘油中溶解特征气体的浓度信息来直接反映故障信息，或通过简单的比值计算来判断故障类型的方法，其中主要有特征气体法、罗杰斯法、三比值法、无编码比值法等。

这些传统方法大多局限于阈值诊断的范畴，一般只给出一个判定边界的描述，难以确切反映故障与表现特征之间的客观规律，并且很难在溶解气体含量较小的情况下对变压器状态进行分析，也就是说，只有当某些特征气体含量超过注意值时，判断结果才被认为是有意义的。

(1)特征气体组分法。一般来说，对于不同性质的故障，绝缘物分解产生的气体组分不同，而对于同一性质的故障，由于故障的严重程度不尽相同，所产生的气体的数量也会有所不同。所以，根据变压器油中气体的组分和含量，可以判断故障的性质以及故障的严重程度。特征气体组分法是依据不同性质的故障类型所产生的溶于油中的气体组分的不同，从而判别变压器故障类型的诊断方法。

特征气体组分法的优点是方便、直观、容易掌握，缺点是判据比较笼统，没有确切地说明故障原因及类型，只有定性的描述，不能将其量化，这种判定故障的方法主要建立在经验积累的基础上，在大电网背景下，已不能满足众多变压器对于自动分析大量 DGA 数据以确定故障类型的需求[15]。

(2)特征气体含量比值法。特征气体组分含量只反映了故障引起变压器油、纸绝缘的热分解本质，但并没有反映特征气体含量比值与温度之间存在的相互依赖关系。而大量实践证明，特征气体含量的相对比值与故障类型存在一定的依赖关系。特征气体含量比值法就是根据油浸式变压器内油、绝缘材料在故障下裂解产生的气体含量的相对浓度与温度的相互依赖关系，建立气体含量比值与故障类型的映射关系。

(3)三比值法在对变压器的运行状态进行故障诊断分析时，比值编码边界模糊等原因常常引起误判或不能判断。三比值编码在远离比值分界值处对变压器故障能作出较精确的判断，越接近分界值处其编码划归的模糊性越大。例如，当 C_2H_2/C_2H_4 的值稍小于 0.1 时，属于编码 0，而当其值等于 0.1 时，就属于编码 1，编码从 0 到 1，发生了一个跳变，而实际上，该比值的增长却是极小的，甚至不超过一个工程允许的误差范围，但据此判断的结果却截然不同。此外，对某些故障，如进水受潮和油中气泡(统称 H_2 主导类型故障)，该方法识别效果很差。根据编码规则和分类方法得到的编码值不在编码列表范围内时不能确定故障类型，有些编码不能对应相应的故障类型，三比值法编码存在缺陷，甚至有时还会出现不能给出诊断结果的情况[16]。

3.2.2　故障诊断研究现状

电力变压器故障产气机理复杂，油中溶解气体含量及含量比值与故障类型之间的映射关系复杂，仅靠人工试验总结和专家经验归纳出的故障征兆与故障类型之间的关系(如三比值法)存在不完备等问题。近二十年来，支持向量机、人工神经网络和贝叶斯分类器等人工智能方法被引入变压器的故障诊断中，并取得了较好的效果[17-26]。

(1)基于人工神经网络的变压器故障诊断方法。人工神经网络是通过大量的标准样本数据学习，不断调整网络中的连接权值和阈值，使获取的知识隐式分布在整个网络上，并实现网络的模式记忆。人工神经网络能有效地处理有噪声或不相容的数据，具有联想、记忆、自组织、自适应、自学习、容错性等优点，能高度映射非线性的输入输出关系。基于 DGA 数据的电力变压器人工神经网络故障诊断方法已成为电力变压器智能故障诊断的重要方法之一[4]，已在电力变压器故障诊断中取得了很好的应用成果[17, 18]。

然而，人工神经网络诊断方法仍存在一些问题：隐藏节点层的感知器在系统中不能解释，无法处理某些属性缺失的不完整样本，而且在学习过程中当目标误差减小到一定程度后会出现振荡现象，诊断输出为硬分类间隔等[26]。

(2)基于支持向量机的电力变压器故障诊断方法。支持向量机是 20 世纪 90 年代由 Vapnik 等提出的一种机器学习方法。它建立在统计理论和结构风险最小化原则的基础上，在理论上充分保证了其良好的泛化能力。支持向量机采用核函数代替原模式空间的矢量数积运算以实现非线性变换，而不是显式地使用非线性变换的具体形式，其实质是将原模式空间变换为一个高维的 Hilbert 空间，但是核函数必须满足 Mercer 条件。与传统的学习方法相比，支持向量机能够很好地克服小样本时无法学习、维数灾难、局部极小点以及过拟合等问题，通过构造最优分类面，使得对未知样本的分类误差最小，表现出了极高的泛化能力[21]，因此，在变压器故障诊断中取得了较好的诊断效果[21, 25]。

但支持向量机诊断方法仍存在一些问题，如对诊断性能起关键作用的规则化参数和核函数参数的选取没有理论依据或有效方法[25]。此外，变压器故障诊断本质为多分类问题，而支持向量机主要为二分类算法，需要通过一对多(one against rest，OAR)、一对一(one against one，OAO)或二叉树等方法将其转化为多分类，存在分类重叠和不可分类、需要构建较多分类器、误差累计等问题，且其输出为硬分类间隔，无法给出概率输出，不便于分析问题的不确定性。

本书利用从相关文献获取的 147 组变压器 DGA 实测样本数据，将样本数据按约 4∶1 比例分为训练验证集和测试集，研究规则化参数 C 和核函数参数 σ 对诊断正确率的影响。图 3-1 给出了当采用支持向量机分类器诊断热性故障和电性故障时，不同 C 和 σ 组合对诊断正确率的影响曲线，由图 3-1 可以看出，参数 C 和 σ 的选取对诊断正确率有很大的影响。

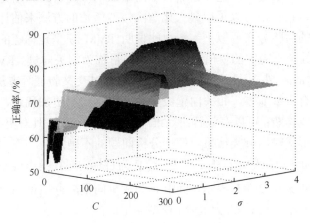

图 3-1　支持向量机诊断正确率与参数的关系曲线

(3)基于贝叶斯分类器的变压器故障诊断方法。贝叶斯分类器的分类原理是通过对象的先验概率，利用样本数据和贝叶斯定理计算出其后验概率，即该对象属于各个类别的后验概率，选择具有最大后验概率的类别作为该对象所属的类别。目前研究较多的贝叶斯分类器主要有四种，分别是：朴素贝叶斯、树扩展朴素贝叶斯、贝叶斯网络增强的朴素贝叶斯和通用贝叶斯网络。朴素贝叶斯分类器具有确定的网络结构不需要学习，只需要根据训练集确定参数，效率高，有良好的泛化能力。朴素贝叶斯假设属性变量条件独立，这种分类器不能有效地利用属性变量之间的依赖关系，当属性变量之间有较强的条件依赖关系时，分类器的分类准确性会下降。

贝叶斯分类器对于解决复杂系统不确定因素引起的故障具有很大的优势，被认为是目前不确定知识表达和推理领域最有效的理论模型。贝叶斯分类器用概率测度的权重来描述数据间的相关性，解决了数据间的不一致性，能够方便地处理信息不完备问题。另外，它的学习和运行速度都很快。因此，利用贝叶斯网络分类器进行变压器的故障诊断是有效的方法。贝叶斯分类器的缺点是：需要大量样本数据；特征变量为离散变量；离散阈值选取没有理论依据；离散过程中不可避免地会造成变压器状态信息的丢失[22, 26]。

3.3　相关向量机算法介绍

3.3.1　相关向量机理论简介

相关向量机(RVM)是 Tipping 于 2000 年在稀疏贝叶斯学习理论基础上提出的一种监督学习算法，能够处理回归和分类问题。该方法结合了贝叶斯理论、马尔可夫性质、最大似然估计(maximum likehood，ML)以及自动相关决定先验等理论[27]。RVM 通过引入超参数对权重向量赋予零均值的高斯先验分布来确保模型的稀疏性，超参数可以采用最大化边缘似然函数的方法来估计。在实际应用中大部分权值的后验分布近似于零，由此说明 RVM 模型是稀疏的。根据自相关判定原理，和其余不为零的权值相关的训练向量称为相关向量。RVN 的核函数不受 Mercer 条件的限制；无规则化系数，不需要通过交叉验证等方法获取该参数；基函数权值只有少数非零，相关向量数量少，比 SVM 更加稀疏，诊断速度快，尤其适用于在线诊断；可以有效解决高维非线性分类问题；具有更好的泛化性能；可以以概率的形式输出分类结果，便于分析问题的不确定性。

设 $\{x_i\}_{i=1}^N$ 为输入向量，$t = [t_1, t_2, \cdots, t_N]^T$ 为目标向量，噪声误差为 ε_n，它们之间的函数关系可以用式(3-1)表示，其中 w 为权重向量，$w = [w_0, w_1, w_2, \cdots, w_N]^T$，$K(x; x_i)$ 为核函数，$y(x; w)$ 为 RVM 模型输出值：

$$\begin{cases} t_n = y(\boldsymbol{x}; \boldsymbol{w}) + \varepsilon_n \\ y(\boldsymbol{x}; \boldsymbol{w}) = \sum_{i=1}^{N} \omega_i K(\boldsymbol{x}; \boldsymbol{x}_i) + \omega_0 \end{cases} \tag{3-1}$$

在稀疏贝叶斯框架里，假定噪声误差 ε_n 为零均值高斯正态分布，由此可得式(3-2)，其中 $N(\cdot)$ 表示正态分布函数：

$$P(t_i) = N(t_i | y(\boldsymbol{x}_i; \boldsymbol{w}), \sigma^2) \tag{3-2}$$

设 $\{t_i\}_{i=1}^{N}$ 是相互独立的，则样本集的似然函数为

$$P(\boldsymbol{t}|\boldsymbol{w}, \sigma^2) = \prod_{i=0}^{N} N(t_i | y(\boldsymbol{x}_i; \boldsymbol{w}), \sigma^2) = (2\pi\sigma^2)^{-\frac{N}{2}} \exp\left(-\frac{\|\boldsymbol{t} - \boldsymbol{\Phi}\boldsymbol{w}\|^2}{2\sigma^2}\right) \tag{3-3}$$

式中

$$\boldsymbol{\Phi} = [\boldsymbol{\phi}(\boldsymbol{x}_1), \boldsymbol{\phi}(\boldsymbol{x}_2), \cdots, \boldsymbol{\phi}(\boldsymbol{x}_N)]^{\mathrm{T}} \tag{3-4}$$

$$\boldsymbol{\phi}(\boldsymbol{x}_n) = [1, K(\boldsymbol{x}_n, \boldsymbol{x}_1), K(\boldsymbol{x}_n, \boldsymbol{x}_2), \cdots, K(\boldsymbol{x}_n, \boldsymbol{x}_N)]^{\mathrm{T}} \tag{3-5}$$

若直接由式(3-3)采用最大似然估计方法求解 $\boldsymbol{w}$ 与 σ^2，则可能会产生严重的过拟合(overfitting)。为了避免这种问题，RVM 对权重向量 $\boldsymbol{w}$ 赋予零均值 Gaussian 先验分布的先决条件，如式(3-6)所示。其中 $\boldsymbol{\alpha}$ 为 $N+1$ 维的超参数向量，$\boldsymbol{a} = [\alpha_0, \alpha_1, \alpha_2, \cdots, \alpha_N]^{\mathrm{T}}$。

$$P(\boldsymbol{w}|\boldsymbol{\alpha}) = \prod_{i=0}^{N} N(w_i | 0, \alpha_i^{-1}) \tag{3-6}$$

RVM 方法假设超参数向量 $\boldsymbol{\alpha}$ 和协方差 σ^2 超先验分布为 Gamma 分布，分别如式(3-7)和式(3-8)所示，通常取 $a = b = c = d = 0$。

$$P(\boldsymbol{\alpha}) = \prod_{i=0}^{N} \mathrm{Gamma}(\alpha_i | a, b) \tag{3-7}$$

$$P(\sigma^2) = \mathrm{Gamma}(\sigma^2 | c, d) \tag{3-8}$$

由贝叶斯定理可得后验概率分布：

$$P(\boldsymbol{w}, \boldsymbol{\alpha}, \sigma^2 | \boldsymbol{t}) = P(\boldsymbol{w} | \boldsymbol{t}, \boldsymbol{\alpha}, \sigma^2) P(\boldsymbol{\alpha}, \sigma^2 | \boldsymbol{t}) \tag{3-9}$$

由马尔可夫性质可知，对于待预测的输入向量 x_*，目标值 t_* 的概率预测为

$$P(t_*|t) = \int P(t_*|w,\alpha,\sigma^2)P(w,\alpha,\sigma^2|t)\mathrm{d}w\mathrm{d}\alpha\mathrm{d}\sigma^2 \tag{3-10}$$

由于式 (3-10) 中 $P(w,\alpha,\sigma^2|t)$ 无法通过积分直接求取，所以将其分解为

$$P(w,\alpha,\sigma^2|t) = P(w|t,\alpha,\sigma^2)P(\alpha,\sigma^2|t) = \frac{P(t|w,\sigma^2)P(w|\alpha)}{P(t|\alpha,\sigma^2)}P(\alpha,\sigma^2|t) \tag{3-11}$$

因为 $P(t|w,\sigma^2)$ 和 $P(w|\alpha)$ 为已知，而 $P(t|\alpha,\sigma^2)$ 可由式 (3-12) 求取，其中 $\boldsymbol{\Omega} = \sigma^2\boldsymbol{I} + \boldsymbol{\Phi}\boldsymbol{A}^{-1}\boldsymbol{\Phi}^\mathrm{T}$，$\boldsymbol{A} = \mathrm{diag}(\alpha_0,\alpha_1,\cdots,\alpha_N)$。因此后验概率分布 $P(w|t,\alpha,\sigma^2)$ 可由式 (3-13) 得到，后验概率分布协方差 $\boldsymbol{\Sigma} = (\sigma^{-2}\boldsymbol{\Phi}^\mathrm{T}\boldsymbol{\Phi} + \boldsymbol{A})^{-1}$，均值 $\boldsymbol{\mu} = \sigma^{-2}\boldsymbol{\Sigma}\boldsymbol{\Phi}^\mathrm{T}\boldsymbol{t}$。最后可得 $P(t_*|t)$ 近似等价形式如式 (3-14) 所示：

$$P(t|\alpha,\sigma^2) = \int P(t|w,\sigma^2)P(w|\alpha)\mathrm{d}w = (2\pi)^{-\frac{N}{2}}|\boldsymbol{\Omega}|^{-\frac{1}{2}}\exp\left(-\frac{t^\mathrm{T}\boldsymbol{\Omega}^{-1}t}{2}\right) \tag{3-12}$$

$$P(w|t,\alpha,\sigma^2) = \frac{P(t|w,\sigma^2)P(w|\alpha)}{P(t|\alpha,\sigma^2)} = (2\pi)^{-\frac{N+1}{2}}|\boldsymbol{\Sigma}|^{-\frac{1}{2}}\exp\left\{-\frac{(w-\boldsymbol{\mu})^\mathrm{T}\boldsymbol{\Sigma}^{-1}(w-\boldsymbol{\mu})}{2}\right\} \tag{3-13}$$

$$\begin{cases} P(t_*|t) \approx \int P(t_*|w,\alpha_{\mathrm{MP}},\sigma^2_{\mathrm{MP}})P(w|t,\alpha_{\mathrm{MP}},\sigma^2_{\mathrm{MP}})\mathrm{d}w \\ (\alpha_{\mathrm{MP}},\sigma^2_{\mathrm{MP}}) = \arg\max_{\alpha,\sigma^2} P(\alpha,\sigma^2|t) \end{cases} \tag{3-14}$$

因此，RVM 学习问题可以转化为求解 α_{MP}、σ^2_{MP} 使超参数后验分布 $P(\alpha,\sigma^2|t)$ 值最大问题，由于 $P(\alpha,\sigma^2|t) \propto P(t|\alpha,\sigma^2)P(\alpha)P(\sigma^2)$，设 $P(\alpha)$、$P(\sigma^2)$ 为均匀分布，上述问题可以转化为求解 α_{MP}、σ^2_{MP} 使式 (3-12) 值最大问题。无法由式 (3-12) 式直接求取 α_{MP}、σ^2_{MP}，因此需要采用数值方法近似求解。由式 (3-12) 对 α 和 σ^2 偏微分后求其等于零的解，可得 α 和 σ^2 迭代更新公式如式 (3-15)～式 (3-17) 所示，其中 $\Sigma_{i,i}$ 为 $\boldsymbol{\Sigma}$ 中第 i 项对角线元素。在足够多的更新之后，大部分的 α_i 会接近无限大，其对应的 w_i 为 0，而其他的 α_i 则会稳定趋近于有限值，与之对应的 x_i 就称为相关向量 (relevance vector，RV)。

$$\alpha_i^{\text{new}} = \frac{\gamma_i}{\mu_i^2} \tag{3-15}$$

$$(\sigma^2)^{\text{new}} = \frac{\|\boldsymbol{t} - \boldsymbol{\Phi}\boldsymbol{\mu}\|^2}{N - \sum_{i=0}^{N} \gamma_i} \tag{3-16}$$

$$\gamma_i = 1 - \alpha_i \Sigma_{i,i} \tag{3-17}$$

求得 $\boldsymbol{\alpha}_{\text{MP}}$、$\sigma^2_{\text{MP}}$ 后，由于式 (3-10) 被积函数是两个高斯正态分布的乘积，可得 RVM 预测模型为

$$P(t_* | \boldsymbol{t}) = N(t_* | y_*, \sigma_*^2) \tag{3-18}$$

式中

$$y_* = \boldsymbol{\mu}^{\text{T}} \phi(\boldsymbol{x}_*) \tag{3-19}$$

$$\sigma_*^2 = \sigma_{\text{MP}}^2 + \phi(\boldsymbol{x}_*)^{\text{T}} \Sigma \phi(\boldsymbol{x}_*) \tag{3-20}$$

对于二元分类问题，目标值 $\{t_i\}_{i=1}^N$ 只能为 0 或 1。似然函数如式 (3-21) 所示：

$$P(\boldsymbol{t} | \boldsymbol{w}) = \prod_{i=0}^{N} \sigma[y(\boldsymbol{x}_i; \boldsymbol{w})]^{t_i} \{1 - \sigma[y(\boldsymbol{x}_i; \boldsymbol{w})]\}^{1-t_i} \tag{3-21}$$

式中，$\sigma(\cdot)$ 为 Sigmoid 函数。

采用拉普拉斯方法 (Laplace's method) 可得

$$\boldsymbol{w}_{\text{MP}} = \arg\max_{\boldsymbol{w}} P(\boldsymbol{t} | \boldsymbol{w}) P(\boldsymbol{w} | \boldsymbol{\alpha}) = \arg\max_{\boldsymbol{w}} \lg\{P(\boldsymbol{t} | \boldsymbol{w}) P(\boldsymbol{w} | \boldsymbol{\alpha})\} \tag{3-22}$$

可采用牛顿法 (Newton's method) 求解 $\boldsymbol{w}_{\text{MP}}$。梯度向量 $\boldsymbol{g}$ 计算公式如式 (3-23) 所示，黑塞矩阵 $\boldsymbol{H}$ 的计算公式如式 (3-24) 所示，$\boldsymbol{w}_{\text{MP}}$ 的迭代公式如式 (3-25) 所示：

$$\boldsymbol{g} = \nabla_{\boldsymbol{w}} \lg\{P(\boldsymbol{t} | \boldsymbol{w}) P(\boldsymbol{w} | \boldsymbol{\alpha})\} = \boldsymbol{\Phi}^{\text{T}} (\boldsymbol{t} - \boldsymbol{y}) \boldsymbol{A} \boldsymbol{w} \tag{3-23}$$

$$\boldsymbol{H} = \nabla_{\boldsymbol{w}} \nabla_{\boldsymbol{w}} \lg\{P(\boldsymbol{t} | \boldsymbol{w}) P(\boldsymbol{w} | \boldsymbol{\alpha})\} = -\boldsymbol{\Phi}^{\text{T}} \boldsymbol{B} \boldsymbol{\Phi} - \boldsymbol{A} \tag{3-24}$$

$$\begin{cases} \Delta \boldsymbol{w} = -\boldsymbol{H}^{-1} \boldsymbol{g} \\ \boldsymbol{w}_{\text{MP}} = \boldsymbol{w}_{\text{MP}} + \Delta \boldsymbol{w} \end{cases} \tag{3-25}$$

式中，　$\boldsymbol{y} = [y_1, y_2, \cdots, y_N]^T$，　$y_n = \sigma[y(\boldsymbol{x}_n; \boldsymbol{w})]$；　$\boldsymbol{B} = \text{diag}(\beta_1, \beta_2, \cdots, \beta_n)$，　$\beta_n = (y_n(1 - y_n))$。拉普拉斯方法采用高斯正态分布近似 $P(\boldsymbol{t}|\boldsymbol{w})$，其均值 $\boldsymbol{\mu} = \boldsymbol{w}_{\text{MP}}$，变异矩阵 $\boldsymbol{\Sigma} = (\boldsymbol{\Phi}^T \boldsymbol{B} \boldsymbol{\Phi} + \boldsymbol{A})^{-1}$，用 $\boldsymbol{w}_{\text{MP}}$ 代替 $\boldsymbol{\mu}$，并按式 (3-15) 和式 (3-17) 更新 $\boldsymbol{\alpha}$。

3.3.2　RVM 分类模型

RVM 是二分类算法，因此对于多分类问题，必须转化为多个二分类问题。将多分类问题转化为多个二类分类问题的具体实现方法主要有一对多、一对一和二叉树等方法。对于 k 类分类问题，一对多方法需要构建 k 个两类分类器，其中第 i 个 RVM 分类器是在第 i 类样本为负样本，其余样本为正样本的样本集上训练得到的。这样为了实现多类分类判别，需要使用多个两类分类器组合，其中每个分类器可以把其中的一类和剩余的各类区分开。相当于把某一类样本当作一个单独的类别，把其余的所有类别样本整体当成另外一个大类，这样组成多个两类判断问题，接下来根据多次二分类来判断待测样本的类别。一对多方法虽然简单，但每一个分类器的训练都要将全部样本作为训练样本，其训练复杂度随样本数的增多而变大。此外该方法还存在分类重叠和不可分类的问题。一对一分类方法需要构建 $k(k-1)/2$ 个分类器。该方法的优点是每个分类器模型的训练只需考虑两类样本，即各模式类中每两类样本都设计一个二分类向量机模型，利用 $k(k-1)/2$ 个分类器来区分 k 个类别。其缺点是所需构造的分类器数量随类别数 k 的增加而急剧增加，且在测试阶段需要计算所有子分类的判别函数。

3.4　MKL-RVM 算法及其改进

变压器故障诊断本质上是一个多分类问题，而 RVM 是二分类算法，因此需要利用多个 RVM 分类器分层实现电力变压器的故障诊断。单核 RVM 分类器存在的固有二分类属性会造成诊断模型误差的累计。

针对此现状，Damoulasy 等对二分类 RVM 进行了扩展，提出了多分类相关向量机 (multiclass relevance vector machine，M-RVM)[28, 29]。仅依据反映变压器运行状态的单一特征信息，较难对变压器故障情况作出较为正确的判断，于是信息融合方法被引入变压器故障诊断[30, 31]。Damoulasy 等提出了组合核相关向量机 (MKL-RVM)。

M-RVM 和 MKL-RVM 方法通过引入多项概率似然函数，可以直接实现多分类。因此 M-RVM 和 MKL-RVM 可以直接用于油浸式电力变压器故障诊断，无须转化，采用一个 M-RVM 或 MKL-RVM 分类器即可实现变压器多种运行状态的甄别。但是 M-RVM、MKL-RVM 诊断方法将多种运行状态的甄别合并到一个 M-RVM

或 MKL-RVM 分类器中，因此各种状态的区分只能选用相同的特征变量。与基于 M-RVM 的变压器故障诊断方法相比，MKL-RVM 算法复杂，但 MKL-RVM 显著优势是，可以利用由单个检/监测手段的检/监测数据提取的多组特征信息，便于与 DGA 以外的其他监测手段的诊断结果相融合，便于实现变压器的综合智能故障诊断。

3.4.1　MKL-RVM 算法介绍

MKL-RVM 采用分层贝叶斯模型结构，通过引入多项概率似然函数(multinomial probit likelihood)，实现了非同构的多信息数据或多特征信息的有机融合以及多分类问题，MKL-RVM 原理示意图如图 3-2 所示，图 3-2 中 S 为信息数据的种类，β_1，β_2，$\cdots$，β_S 为组合核参数。本书仅对由单核二分类 RVM 扩展为 MKL-RVM 的部分进行简单介绍[29]。

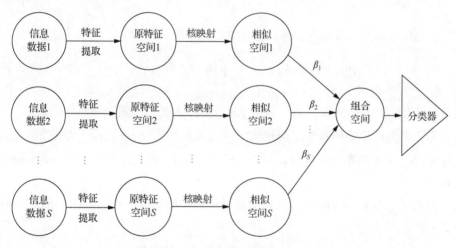

图 3-2　MKL-RVM 原理示意图

设信息数据(一类信息数据或多类信息数据)经特征提取获得 S 个特征空间。来自特征空间 s 的样本数据集记为

$$\boldsymbol{X}^s = \{\boldsymbol{x}_i, t_i\}_{i=1}^N, \quad \boldsymbol{x} \in \mathbf{R}^D, \quad s \in \{1, \cdots, S\}, \quad t_i \in \{1, \cdots, C\}$$

式中，N 为样本数；D 为特征向量的维数；C 为类别数。

当给定核函数时，可得基核矩阵 $\boldsymbol{K}^s \ \boldsymbol{R}^{N \times N}$，定义组合核矩阵 $\boldsymbol{K}^\beta = \sum_{s=1}^S \beta_s \boldsymbol{K}^s$，组合核矩阵的元素可由式(3-26)得到

$$K^{\beta}(\boldsymbol{x}_i, \boldsymbol{x}_j) = \sum_{s=1}^{S} \beta_s K^s(\boldsymbol{x}_i^s, \boldsymbol{x}_j^s) \tag{3-26}$$

式中，K^s 为核函数；K^{β} 为组合核函数。

引入辅助回归目标变量 $\boldsymbol{Y} \in \mathbf{R}^{N \times C}$ 和权重参数 $\boldsymbol{W} \in \mathbf{R}^{N \times C}$，可得标准噪声回归模型[32]如式(3-27)所示：

$$y_{nc}|\boldsymbol{w}_c, \boldsymbol{k}_n^{\beta} \sim N_{y_{cn}}(\boldsymbol{k}_n^{\beta}\boldsymbol{w}_c, 1) \tag{3-27}$$

式中，y_{nc} 为 $\boldsymbol{Y}$ 的第 n 行 c 列的元素；$\boldsymbol{w}_c$ 为 $\boldsymbol{W}$ 的第 c 列；$\boldsymbol{k}_n^{\beta}$ 为 $\boldsymbol{K}^{\beta}$ 的第 n 行；$N_x(m, v)$ 为 x 服从均值为 m，方差为 v 的正态分布。

引入多项概率联系函数如式(3-28)所示，将回归目标转化为类别标签。

$$t_n = i, \quad y_{ni} > y_{nj}, \quad \forall j \neq i \tag{3-28}$$

由此可以得到多项概率似然函数如式(3-29)所示：

$$p(t_n = i \,|\, \boldsymbol{W}, \boldsymbol{k}_n^{\beta}) = \varepsilon_{p(u)} \prod_{j \neq i} \Phi(u + \boldsymbol{k}_n^{\beta}(\boldsymbol{w}_i - \boldsymbol{w}_j)) \tag{3-29}$$

式中，ε 为标准正态分布 $p(u) = N(0,1)$ 的期望；Φ 为高斯累计分布函数。

为了确保模型的稀疏性，为权重向量引入零均值，方差为 α_{nc}^{-1} 的标准正态先验分布。α_{nc} 为先验参数矩阵 $\boldsymbol{A} \in \mathbf{R}^{N \times C}$ 中的元素，α_{nc} 服从超参数为 a、b 的 Gamma 分布。

由此可见 MKL-RVM 同样采用的是分层贝叶斯模型结构，模型结构示意图如图 3-3 所示。

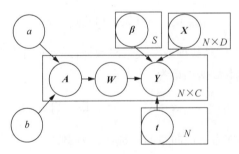

图 3-3　分层贝叶斯模型

3.4.2　MKL-RVM 算法核函数参数获取

MKL-RVM 虽然不存在规则化系数确定困难的问题，核组合参数也可在模型学习的过程中自动优化，但核函数参数没有采用自动相关学习算法，需要事先人为设定，而 Damoulasy 等并没有给出其选取的方法。

因为 K 折交叉验证(K-fold cross validation，K-CV)可以确保所有的样本数据都参与模型的训练和验证[33, 34]，而遗传算法则具有较好的全局寻优能力[35]，本书提出基于 K 折交叉验证和遗传算法相结合的核函数参数优化方法，以提高 MKL-RVM 的性能。该方法采用 K 折交叉验证来评估待选择的核函数参数，采用遗传算法选取核函数参数。

1. 交叉验证简介

在数据挖掘和机器学习中，关键任务是在获取的数据集上进行模型学习、模型性能评估和模型选择，该模型可能是回归模型或分类器模型。交叉验证(cross validation，CV)起源于 20 世纪 30 年代，起初仅用于模型性能评估，20 世纪 70 年代 Stone 和 Geisser 将其用于模型参数选择，现在 CV 已成为数据挖掘和机器学习中模型性能评估和模型选择的有效方法。

常见的 CV 方法有：简单交叉验证(hold-out method)，K 折交叉验证和留一法交叉验证(leave-one-out cross validation，LOO-CV)。

(1)Hold-Out Method。Hold-Out Method 将样本数据按一定的比例随机地分为训练集和验证集，训练集用于模型学习，验证集用于模型验证。

(2)K 折交叉验证。K 折交叉验证方法：设样本数据集为 $D = \{d_1, d_2, \cdots, d_m\}$，$d_i = \langle x_i \in X, y_i \in Y \rangle$，$X$ 为输入向量空间，Y 为类别向量空间。K 折交叉验证方法首先将数据集 D 随机地分成元素个数近似相等的 K 个相互独立的子集 $D_1, D_2, \cdots, D_K$。然后用 $D - D_t$($-$为集合差运算，$t \in \{1, 2, \cdots, K\}$)对模型进行训练，用 D_t 对模型进行验证，数据集划分示意图如图 3-4 所示。该方法将得到 K 个模型，可以通过计算 K 个模型的平均正判率进行模型性能评估(model performance estimation)。Duan 等建议采用 5-CV。

(3)LOO-CV 方法。本方法对含有 N 个样本的样本数据集，用 $N - 1$ 个样本数据进行模型学习，剩下的一个样本数据用于模型验证，重复上述过程 N 次直至所有的样本数据都参与模型的学习和验证。该方法将得到 N 个模型，可以采用 N 个模型的平均正判率对模型性能进行评估。

当 Hold-Out Method 用于模型选择时，由于采用固定的训练集、验证集进行分类器学习、评估和参数选择，只能确保选取的参数在选定的训练集上最优；K 折交叉验证和 LOO-CV 都可以确保所有的样本数据都用于模型的学习和验证，可以充分地利用有限的样本数据，此外二者均可以以多个模型的平均正判率对模型性能进行评估以选取参数，可以在一定程度上确保所选参数的泛化性能。但 LOO-CV 要训练 N 个模型，计算量相对较大。本质上方法(1)、方法(3)是方法(2)的特例，当 K 取值为 2 时，即方法(1)，当 K 取值为 N 时（N 为样本数据的样本个数），即方法(3)。

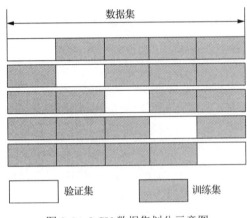

图 3-4　5-CV 数据集划分示意图

2. MKL-RVM 参数优化

分类器参数选择问题实质上是一个优化问题。目前分类器参数选择方法主要有：经验选择法、实验试凑法、网格搜索(grid search)法等传统方法以及粒子群算法、遗传算法等智能算法。无论采用何种方法，分类器参数的评价标准的选取是影响分类器参数选择的关键因素。目前主要采用的方法是将样本数据分为训练集、验证集和测试集，训练集用于分类器学习，验证集用于分类器性能评估，为分类器参数选择提供标准[36]。但是由于该方法采用固定的训练集、验证集进行分类器学习、评估和参数选择，只能确保选取的参数在选定的训练集上最优，并且训练集与验证集的选定是完全随机的，这将影响选取模型的泛化性能。

为了克服上述方法的缺点，本书采用 K 折交叉验证方法构造 MKL-RVM 分类器核函数参数的选择标准，采用遗传算法(genetic algorithm，GA)选取参数。对待选参数，该方法将得到 K 个 MKL-RVM 分类器模型，以这 K 个 MKL-RVM 分类器模型的平均正判率作为该参数的评价标准，将其作为 GA 的适应度函数，采用 GA 对核函数参数进行选取。参数评价标准示意图如图 3-5 所示。

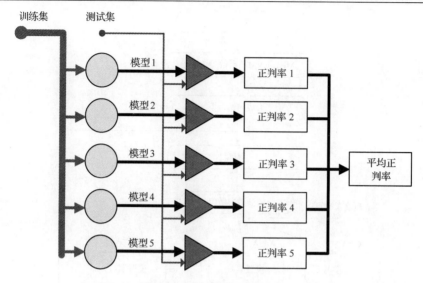

图 3-5　参数评价标准示意图

基于 K 折交叉验证和 GA 的核函数参数优化方法主要实现过程如下。

(1) 将 S 个样本数据 $\boldsymbol{X}^s$ 各自随机地分成元素个数近似相等的 K 个相互独立的子集 $\boldsymbol{X}_1^s$, $\boldsymbol{X}_2^s$, $\cdots$, $\boldsymbol{X}_K^s$。

(2) 用 $\boldsymbol{X}^s - \boldsymbol{X}_k^s$ 作为训练集对模型进行训练,用 $\boldsymbol{X}_k^s$($k \in \{1, 2, \cdots, K\}$) 作为验证集对模型进行验证,这样可以得到 K 个 MKL-RVM 模型以及这 K 个模型在相应的验证集上的正判率。

(3) 以该 K 个模型的平均正判率作为 GA 的适应度函数,如式(3-30)所示,用于评估待选择的核函数参数:

$$f = \frac{1}{K} \sum_{k=1}^{K} \frac{100}{\operatorname{card}(\boldsymbol{X}_k^s)} \sum_{\langle \boldsymbol{x}_i, t_i \rangle \in \boldsymbol{X}_k^s} \delta(I((\boldsymbol{X}^s - \boldsymbol{X}_k^s), \boldsymbol{x}_i), t_i) \qquad (3\text{-}30)$$

式中, $\operatorname{card}(\boldsymbol{X}_k^s)$ 为数据集 $\boldsymbol{X}_k^s$ 含有的样本个数; $I(\boldsymbol{X}^s - \boldsymbol{X}_k^s, \boldsymbol{x}_i)$ 为由数据集 $\boldsymbol{X}^s - \boldsymbol{X}_k^s$ 学习得到的分类器对输入向量 $\boldsymbol{x}_i$ 的分类结果;当 $i = j$ 时, $\delta(i, j) = 1$, 当 $i \neq j$ 时, $\delta(i, j) = 0$。

(4) 采用 GA 选取核函数参数。GA 采用实数编码方式、精英选择法,以正判率满足给定值或连续几代最优个体适应度相同为终止条件。本书以正判率达到 90% 或连续 10 代最优个体适应度相同作为终止条件。

基于 K 折交叉验证和 GA 的核函数参数优化方法的流程图,如图 3-6 所示。

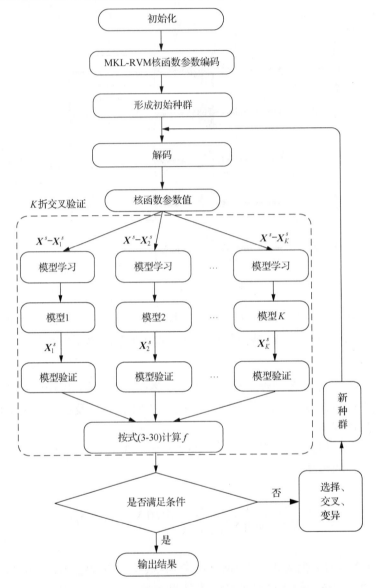

图 3-6　基于 K 折交叉验证和 GA 的核函数参数优化方法

该优化方法的优点主要包括以下几方面。

(1)该方法采用 K 个 MKL-RVM 分类器模型的平均正判率评估模型性能,作为选择 MKL-RVM 分类器核函数参数的标准,可以使优化得到的 MKL-RVM 分类器参数具有很好的推广性。

(2) K 折交叉验证方法可以确保所有的样本数据都参与 MKL-RVM 分类器模型的训练和验证,能够充分利用有限的样本数据。

(3) MKL-RVM 分类器核函数参数选取过程中, 训练集与验证集也是不断改变的, 可以在整个样本空间寻优。

3.5　基于 MKL-RVM 的变压器故障诊断分析

仅依据可反映变压器运行状态的单一特征信息较难对变压器的状态作出正确的分析和判断, 而 MKL-RVM 既可以融合同一个监测/检测数据提取的不同特征信息, 也可以融合由不同监测/检测数据提取的不同特征信息。

3.5.1　变压器故障类型的划分及其表示方法

变压器故障涉及面广, 故障机理复杂, 故障类型的划分方式较多。在进行实际问题研究时, 应依据研究问题的特点及需要来划分变压器的故障类型。例如, 若研究变压器的总体运行状态, 可将变压器的运行状态划分为正常 (N) 状态和低能放电 (D_1)、高能放电 (D_2)、中低温过热 (T_{12})、高温过热 (T_3)、局部放电 (PD) 五种故障状态; 若要进一步研究变压器局部放电的类型, 可将变压器的局部放电类型划分为针尖放电、气泡放电、悬浮放电、沿面放电四种类型。MKL-RVM 诊断方法中, 变压器状态类别的表示方法与 M-RVM 诊断方法相同。

本书同样将变压器状态划分为 N、D_1、D_2、T_{12}、T_3 和 PD 6 种状态, 分别采用列向量 $[0, 0, 0, 0, 0, 1]^T$、$[0, 0, 0, 0, 1, 0]^T$、$[0, 0, 0, 1, 0, 0]^T$、$[0, 0, 1, 0, 0, 0]^T$、$[0, 1, 0, 0, 0, 0]^T$ 和 $[1, 0, 0, 0, 0, 0]^T$ 表示。

3.5.2　MKL-RVM 融合诊断模型特征变量的确定

大量理论研究和实践表明, 标准化后的溶解气体含量 (H_2、CH_4、C_2H_6、C_2H_4 和 C_2H_2 五种气体含量)、气体含量比值 (H_2 占氢烃总量的比值, CH_4、C_2H_6、C_2H_4 和 C_2H_2 占总烃量的比值) 都可在一定程度上反映变压器的运行状态。由于 MKL-RVM 由单核二分类 RVM 扩展而成, 本书利用搜集到的 147 组变压器 DGA 样本数据, 将样本数据按约 2∶1 比例分为训练集和测试集, 对特征变量分别选取特征气体含量和特征气体含量比值时, 采用基于 RVM 方法的变压器故障诊断模型的诊断性能进行了对比验证, 结果如表 3-6 所示。

由表 3-6 可以看出, 标准化后的溶解气体含量 (H_2、CH_4、C_2H_6、C_2H_4 和 C_2H_2 五种气体含量)、气体含量比值可从不同方面反映变压器的运行状态。采用这些特征量进行诊断, 具有较高的诊断正确率。由于 MKL-RVM 可以融合同一个监测/检测数据提取的不同特征信息, 能反映变压器运行状态的监测/检测数据均可选用。受现有条件限制, 本书以融合变压器 DGA 数据提出的上述两组特征变量为例, 说明所提融合方法的实现过程。融合模型示意图如图 3-7 所示。

表 3-6　　选取特征变量不同时变压器的 **RVM** 故障诊断方法的诊断性能的比较

分类器	特征向量	训练时间/s	测试时间/s	测试精度/%
RVM1	气体含量	0.9536	2.3584×10^{-4}	87.80
	气体含量(标准化)	0.4557	2.6472×10^{-4}	90.24
	气体含量比值	0.7886	1.4396×10^{-4}	92.68
RVM2	气体含量	0.4620	2.5931×10^{-4}	83.33
	气体含量(标准化)	0.4549	2.1201×10^{-4}	91.67
	气体含量比值	0.1012	1.8144×10^{-4}	87.50
RVM3	气体含量	0.6524	3.0319×10^{-4}	80.00
	气体含量(标准化)	0.6162	2.2084×10^{-4}	90.00
	气体含量比值	0.2499	2.3731×10^{-4}	90.00
RVM4	气体含量	0.1415	2.0607×10^{-4}	80.95
	气体含量(标准化)	0.0966	2.8173×10^{-4}	90.48
	气体含量比值	0.7989	1.3230×10^{-4}	86.96

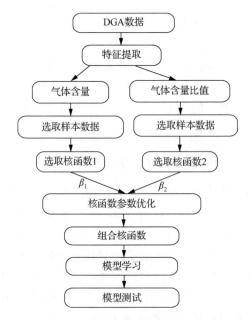

图 3-7　变压器同一监测/检测数据提取的不同特征信息的融合

3.5.3　核函数选取和核函数参数优化

　　本节同样采用 3.5.2 节中的 147 组变压器 DGA 样本数据，按约 2∶1 比例将样本数据分为训练集和测试集，研究核函数对变压器的 RVM 诊断模型的诊断性能的影响。

表 3-7 给出了特征变量选用标准化的特征气体含量,在 RVM 核函数分别采用线性核函数、二次多项式核函数、Spline 核函数、Cauchy 核函数和径向基(radial basis function,RBF)核函数时,RVM 诊断模型的诊断性能的对比情况。

表 3-7　不同核函数情况下 RVM 诊断模型的诊断性能比较

核函数	分类器	训练时间/s	测试时间/s	测试精度/%
线性	RVM1	0.3332	2.4366×10^{-4}	82.93
	RVM2	0.4631	4.5443×10^{-4}	54.17
	RVM3	0.0925	2.3200×10^{-4}	90.00
	RVM4	0.2819	1.4266×10^{-4}	61.90
二次多项式	RVM1	0.2596	3.0608×10^{-4}	82.93
	RVM2	0.1853	3.5135×10^{-4}	66.67
	RVM3	0.4248	3.0241×10^{-4}	70.00
	RVM4	0.1287	2.9877×10^{-4}	76.19
Spline	RVM1	0.7472	4.8162×10^{-4}	87.80
	RVM2	0.1405	5.7369×10^{-4}	91.67
	RVM3	0.4088	3.4899×10^{-4}	85.00
	RVM4	0.2874	3.4911×10^{-4}	61.90
Cauchy	RVM1	0.5067	2.1735×10^{-4}	92.68
	RVM2	0.1681	3.2953×10^{-4}	83.33
	RVM3	0.3269	2.2651×10^{-4}	85.00
	RVM4	0.3181	2.1672×10^{-4}	66.67
RBF	RVM1	0.4557	2.6472×10^{-4}	90.24
	RVM2	0.4549	2.1201×10^{-4}	91.67
	RVM3	0.6162	2.2084×10^{-4}	90.00
	RVM4	0.0966	2.8173×10^{-4}	90.48

由表 3-7 分析可知,相对于线性核函数、二次多项式核函数、Spline 核函数、Cauchy 核函数,当 RVM 诊断模型采用 RBF 核函数时,模型的诊断正确率相对较高,因此本书诊断模型采用径向基函数核函数。并采用 3.4.2 节方法对核函数参数进行优化。

3.5.4　诊断输出

与 M-RVM 相同,MKL-RVM 的诊断输出是变压器为各种状态的概率,诊断结果为变压器各种状态中概率值最大的状态。MKL-RVM 的输出向量为 $[p_{PD}, p_{T_3}, p_{T_{12}}, p_{D_2}, p_{D_1}, p_N]$,其中 p_{PD}、p_{T_3}、$p_{T_{12}}$、p_{D_2}、p_{D_1}、p_N 分别代表变压器的状态为 PD、T_3、T_{12}、D_2、D_1、N 的概率。记输出向量的索引集为 $I = \{PD, T_3, T_{12}, D_2, D_1, N\}$。诊断结果为最大概率值对应的变压器状态,即

$$t = i, \quad p_i > p_j, \quad \forall j \neq i \, (j, i \in I) \tag{3-31}$$

3.5.5　基于 MKL-RVM 的变压器故障诊断过程

基于 MKL-RVM 的电力变压器故障诊断具体实现过程如下。

(1)依据研究问题的特点,划分电力变压器的故障类型,并确定各种故障类型的表示方法,如 3.5.1 节所示。

(2)依据研究问题需要,选取可以反映电力变压器运行状态的监测/检测数据。

(3)进行特征提取,确定可以从不同角度反映变压器运行状态的特征变量组。每组特征变量都可以独立地表征电力变压器的运行状态。

(4)确定由不同特征变量组组成的不同的特征空间的 MKL-RVM 融合模型,如 3.3.2 节所示。

(5)搜集电力变压器在各种运行状态下的样本数据。

(6)为各组特征变量选取相应的核函数,并按 3.2.2 节给出的方法确定核函数参数。

(7)进行电力变压器的MKL-RVM故障诊断模型学习和测试。采用快速type-II 最大似然估计(fast type-II ML)求解先验参数,采用最大期望估计(exception maximization,EM)和二次规划(quadratic programming,QP)的方法求解核组合参数。

基于 MKL-RVM 的电力变压器故障诊断流程图如图 3-8 所示。

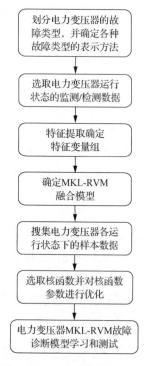

图 3-8　基于 MKL-RVM 的变压器故障诊断流程图

3.6　MKL-RVM 算法的实现

矩阵实验室(MATrix LABoratory，MATLAB)，是一款由美国 The MathWorks 公司出品的商业数学软件，是一种用于算法开发、数据可视化、数据分析以及数值计算的高级技术计算语言和交互式环境。本书采用 MATLAB 完成 MKL-RVM 算法.m 文件的编写，并以 function 形式呈现，设计好输入参数和输出参数，然后使用 MATLAB deploytool 工具生成.Net 组件，即动态链接库(dynamic linkable library，DLL) 文件，最后用 Microsoft Visual Studio 2012(以下简称 VS)实现对 DLL 文件调用。

1) MKL-RVM 算法动态链接文件生成

(1)首先，输入 mbuild-setup 设置编辑器，选择 Microsoft Visual C++ 2012(C) 编译。然后，输入 deploytool，选择 MATLAB Compiler 中第二项 Library Compiler，如图 3-9 所示。

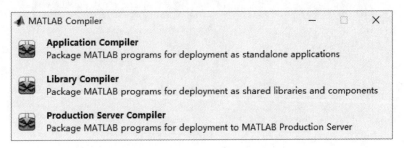

图 3-9　选择 MATLAB Compiler 项

(2)在图 3-10 所示窗口中，选择.NET Assembly，右击加号添加要封装的函数。单击 Settings 按钮设置文件路径。

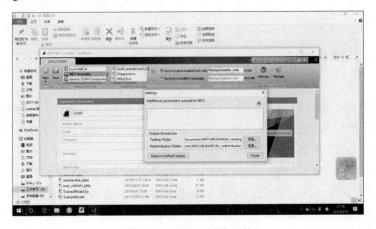

图 3-10　设置要封装函数

(3)在图 3-11 中设置项目名称及函数所在的类名。

(4)最后单击 Package 按钮即可生成 DLL 文件。

2)在 VS 中调用 DLL

打开 VS，新建工程，在工程中添加两个引用，一个为上面 for_testing 中的 DLL，另一个为 MATLAB 安装文件夹中 MWArray.dll。然后在代码里添加下面三个命名空间。

```
using MathWorks.MATLAB.NET.Arrays;
using MathWorks.MATLAB.NET.Utility;
using DGAR;//调用自己生成的 DLL
```

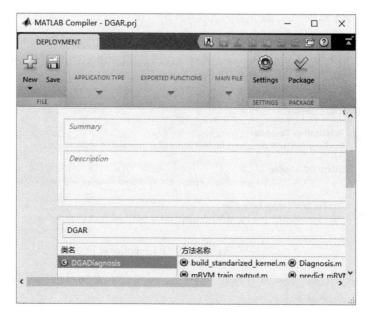

图 3-11　设置项目属性

3.7　变压器故障诊断方法的测试和比较分析

本书搜集了 338 组变压器 DGA 数据进行实例分析验证，给出 MKL-RVM 方法与反向神经网络(back propagation neural network，BPNN)方法、SVM 方法以及 M-RVM 方法的变压器故障诊断实例的比较分析。

3.5.3 节测试验证表明，当 RVM 诊断模型采用 RBF 核函数时，模型的诊断正判率相对较高，因此，MKL-RVM 诊断模型的两个核函数均选用 RBF 核函数。

表 3-8 列出了 BPNN、SVM 各自分别选用归一化后的气体含量(H_2、CH_4、C_2H_6、C_2H_4 和 C_2H_2 5 种气体含量)、含量比值(H_2 占氢烃总量的比值，CH_4、C_2H_6、C_2H_4

和 C_2H_2 占总烃量的比值)作为特征变量，与融合上述两种特征信息的 MKL-RVM 方法的 6 组典型变压器故障诊断实例。

表 3-8　变压器故障诊断实例

| 实际故障 | 特征气体含量/($\mu L/L$) | | | | | 诊断结果 | | | | |
| | | | | | | 气体含量 | | 气体含量比值 | | 信息融合 |
	H_2	CH_4	C_2H_6	C_2H_4	C_2H_2	BPNN	SVM	BPNN	SVM	MKL-RVM
N	80	10	4	1.5	0	N	N	N	PD	N
D_1	115.9	75	14.7	25.3	6.8	D_1	D_1	D_2	D_1	D_1
D_2	673.6	423.5	77.5	988.9	344.4	D_2	D_1	D_2	D_2	D_2
T_{12}	166.6	28.31	6.72	12.4	0.3	T_3	T_{12}	T_{12}	T_{12}	T_{12}
T_3	70.4	69.5	28.9	241.2	10.4	D_2	T_3	T_3	T_3	T_3
PD	260	8	2.5	2	0	PD	N	PD	PD	PD

由表 3-8 分析可知，同样的诊断方法，当特征信息选用气体含量诊断结果错误时，选用气体含量比值诊断结果则可能是正确的，反之亦然。由此可见变压器溶解气体含量和气体含量比值可从不同方面反映变压器的运行状态。

对应于表 3-8 中 6 台变压器故障诊断实例，MKL-RVM 的输出如式(3-32)中的矩阵 P 所示。矩阵 P 的行向量代表变压器的状态为 PD、T_3、T_{12}、D_2、D_1、N 的概率。如矩阵 P 的第一行 p_1=[0.1467, 0.0137, 0.0686, 0.0000, 0.0313, 0.7397]，p_1 表示表 4-2 中第一台变压器的状态为 PD、T_3、T_{12}、D_2、D_1、N 的概率分别为 0.1467、0.0137、0.0686、0.0000、0.0313、0.7397，其中变压器为正常状态的概率值最大，所以诊断结果为 N，依次类推，可以得到表 3-8 给出的其他 5 台变压器 MKL- RVM 方法的诊断结果。

$$P = \begin{bmatrix} 0.1467 & 0.0137 & 0.0686 & 0.0000 & 0.0313 & 0.7397 \\ 0.1652 & 0.0040 & 0.0499 & 0.1518 & 0.5773 & 0.0518 \\ 0.0053 & 0.0000 & 0.0000 & 0.9167 & 0.0780 & 0.0000 \\ 0.0002 & 0.1160 & 0.7558 & 0.0000 & 0.0026 & 0.1255 \\ 0.0001 & 0.8588 & 0.1063 & 0.0020 & 0.0141 & 0.0187 \\ 0.5701 & 0.0032 & 0.0018 & 0.0000 & 0.3697 & 0.0552 \end{bmatrix} \quad (3\text{-}32)$$

由式(3-32)可知 MKL-RVM 同样可以输出变压器为各种状态的概率，便于分析问题的不确定性。

表 3-9 给出了 BPNN、SVM 和 M-RVM 方法采用归一化后的气体含量和气体含量比值为一组特征变量时的故障诊断正判率，以及将归一化后的气体含量作为一组特征变量、气体含量比值作为一组特征变量，然后采用 MKL-RVM 融合该两

组特征变量的诊断方法的故障诊断正判率的对比情况。

表 3-9　BPNN、SVM、M-RVM、MKL-RVM 方法的变压器故障诊断正判率

实际状态	训练样本	测试样本	正判率/%			
			BPNN	SVM	M-RVM	MKL-RVM
N	25	25	88.00	92.00	92.00	92.00
D_1	25	18	83.33	88.89	88.89	88.89
D_2	25	47	89.36	87.23	89.36	93.62
T_{12}	25	55	89.10	85.45	85.45	92.73
T_3	25	39	87.18	89.74	92.31	92.31
PD	20	9	66.64	88.89	88.89	88.89
合计	145	193	87.05	88.08	89.12	92.23

由表 3-8 和表 3-9 分析可知，与采用归一化后的气体含量和气体含量比值作为一组特征变量的 BPNN、SVM 和 M-RVM 故障诊断方法相比，MKL-RVM 故障诊断方法由于可以融合归一化后的气体含量、气体含量比值两组特征变量，具有较好的故障诊断效果。

实例 3.1　某变电所，设备型号：SFSZ8-40000/110，1998 年 1 月出厂，1998 年 3 月投运。2008 年 6 月 25 日，变压器差动保护动作造成三侧断路器掉闸，同时本体重瓦斯保护动作。油色谱数据[37]如表 3-10 所示。

表 3-10　油色谱分析　　　　　　　　　　　　（单位：μL/L）

实验日期	色谱实验数据							
	CH_4	C_2H_4	C_2H_6	C_2H_2	H_2	CO	CO_2	总炔
2007 年 11 月 24 日	0	54.43	17.17	0	8.24	905.54	5254.9	71.6
2008 年 6 月 25 日	27.25	60.5	12.97	67	59.2	1084	5513	167.72

油色谱分析结果：C_2H_2 含量 67μL/L，总炔含量 167.72μL/L，已经超标。三比值编码为未明确诊断的 122。MKL-RVM 方法的诊断结果：变压器的状态为 PD、T_3、T_{12}、D_2、D_1、N 的概率分别为 0.0000、0.0000、0.0000、0.8411、0.1589、0.0000，其中变压器为高能量放电状态的概率值最大，所以诊断结果为 D_2。

吊罩检查结果：变压器油箱底部散落着一些绝缘垫块和绝缘纸屑，同时发现中压 C 相绕组引出线下部外绝缘已经烧焦变黑，放电部位最深度达 10mm，面积达到 100mm^2。这个结果与诊断结果吻合。

实例 3.2　某变电站，设备型号：ODFS-334000/500，2009 年 7 月 11 日 22:35 正式投入运行，按照投产工作要求，油务人员进行油色谱跟踪，B 相油色谱[37]如表 3-11 所示。

表 3-11 变压器 B 相油色谱数据 (单位：μL/L)

取样时间	色谱实验数据							
	H_2	CH_4	C_2H_4	C_2H_6	C_2H_2	CO	CO_2	总炔
2009 年 7 月 12 日 9:20	27.3	8.03	12.12	2.34	0.43	24.34	103.87	22.92
2009 年 7 月 12 日 20:20	41.58	16.45	22.55	3.16	0.62	27.02	135.35	42.78
2009 年 7 月 13 日 10:00	33.65	18.42	25.41	3.95	0.54	26.11	139.89	48.32
2009 年 7 月 13 日 13:15	43.11	20.42	27.12	4.08	0.57	27.65	129.97	52.19
2009 年 7 月 13 日 21:00	41.78	20.15	27.39	4.19	0.56	27.54	129.7	52.29
2009 年 7 月 14 日 9:00	28.1	17.23	26.33	4.24	0.54	2238	177.65	48.34

三比值编码为未明确诊断的 002。MKL-RVM 方法的诊断结果：变压器的状态为 PD、T_3、T_{12}、D_2、D_1、N 的概率分别为 0.0000、0.5389、0.1495、0.2164、0.0602、0.0350，其中变压器为高温过热状态的概率值最大，所以诊断结果为 T_3。

经解体检查发现：距铁窗下铁轭上表面约 45mm 处与之接触的一个撑棒受到了污染或存在腐蚀或发生霉变而丧失了绝缘性，与铁心片接触后在铁心端面形成局部涡流产生局部过热，撑棒受局部过热发生碳化，局部过热造成油色谱异常。这个结果与诊断结果吻合。

实例 3.3 山东某煤矿 3# 主变压器，型号为 SFP8-75000/110，于 1997 年 12 月投入运行。2006 年 6 月 9 日进行油色谱分析时发现异常，故障处理前油色谱分析数据[38]如表 3-12 所示。

表 3-12 故障处理前 3# 主变压器油色谱分析数据 (单位：μL/L)

实验日期	H_2	CH_4	C_2H_4	C_2H_6	C_2H_2	CO	CO_2
2005 年 2 月 24 日	9.4	3.4	2.5	0.39	0	81	1403
2005 年 8 月 2 日	5.8	40	18	61	0	267	3537
2006 年 6 月 9 日	139	345	184	533	0	371	3849
2006 年 7 月 6 日	118	434	228	638	0	366	4013
2006 年 8 月 16 日	211.14	769.25	465.03	1210.45	0	378	5165.5
2006 年 9 月 27 日	194.88	917.76	565.89	1460.99	0	386.92	5840.14

故障诊断分析：三比值编码为 021，判断为中温过热，CO_2/CO 均大于 7，推测故障涉及固体绝缘。本书 MKL-RVM 方法的诊断结果：变压器的状态为 PD、T_3、T_{12}、D_2、D_1、N 的概率分别为 0.0000、0.4220、0.5620、0.0002、0.0018、0.0140，其中变压器为中低温过热状态的概率值最大，所以诊断结果为 T_{12}。

吊罩检查发现：铁心接地联片中部凹入，与铁心贴在一起，连接处产生持续放电电流，导致包裹该联片的绝缘纸部分烤焦和脱落，且接地片部分烧毁，这与诊断结果基本吻合。

实例 3.4 黑龙江阿荣旗变电所 1# 主变压器,型号为 SF-SZ9-20000/110, 2003 年 10 月投运,于 2004 年 5 月 10 日进行春检预试时发现色谱数据异常,色谱分析数据[39]如表 3-13 所示。

表 3-13 阿荣旗变电所 1# 主变压器色谱分析数据 　　　　　　　(单位:μL/L)

实验日期	H_2	CH_4	C_2H_6	C_2H_4	C_2H_2	CO	CO_2
2004 年 5 月 10 日	13.0	74.4	56.7	252.2	6.8	96.0	1288.0
2004 年 6 月 5 日	55.2	89.2	57.1	284.3	6.9	156.4	1345.2
2004 年 6 月 26 日	60.2	88.6	58.6	290.4	6.9	198.3	1387.1
2004 年 7 月 11 日	88.1	100.3	58.9	324.6	7.1	245.4	2175.8
2004 年 8 月 2 日	82.1	179.9	59.1	348.7	7.8	360.4	2539.0
2004 年 8 月 26 日	116.1	202.8	67.5	392.1	7.3	481.0	2997.5
2004 年 9 月 4 日	130.6	254.7	75.7	416.2	8.0	507.1	3045.6

故障诊断分析:三比值编码缺失,改良三比值编码为 002,判断为高温过热,CO/CO_2 比值逐渐增大,最后一次该比值为 0.17。推测故障涉及固体绝缘。

本书 MKL-RVM 方法的诊断结果:变压器的状态为 PD、T_3、T_{12}、D_2、D_1、N 的概率分别为 0.0000、0.7739、0.2103、0.0060、0.0035、0.0063,其中变压器为高温过热状态的概率值最大,所以诊断结果为 T_3。

吊罩检查发现:在铁心与下辖铁之间黏有 1 个铁垫,造成两点接地,导致铁心局部严重过热,变压器油受热裂解,并有游离碳沉积,说明本书的分析很正确、全面。

实例 3.5 某变压器(SFPSZ4-150000/220 型)采用 ZY1 系列国产有载调压开关。1999 年变压器在由 4 分接向 3 分接调压的过程中瓦斯保护动作。故障前后其本体 DGA 结果[22]如表 3-14 所示。

表 3-14 某变压器故障前后 DGA 数据

$\psi(B)$	H_2	CH_4	C_2H_2	C_2H_4	C_2H_6	CO_2	CO
故障前	14×10^{-6}	16.4×10^{-6}	0.18×10^{-6}	13.2×10^{-6}	4.94×10^{-6}	5793×10^{-6}	958×10^{-6}
故障后	235×10^{-6}	39.4×10^{-6}	53.8×10^{-6}	53.2×10^{-6}	9.63×10^{-6}	5799×10^{-6}	1287×10^{-6}

三比值编码为未明确诊断的 122。MKL-RVM 方法的诊断结果:变压器的状态为 PD、T_3、T_{12}、D_2、D_1、N 的概率分别为 0.0005、0.0000、0.0000、0.7787、0.2208、0.0000,其中变压器为高能放电状态的概率值最大,所以诊断结果为 D_2。

后查实事故是有载分接选择开关的 3 分接头接触不良且严重烧坏,故障判断正确。

参 考 文 献

[1] Sarma D S, Kalyani G N S. ANN approach for condition monitoring of transformer using DGA[C]. 2004 IEEE Region 10 Conference（TENCON），Chiang Mai, 2004: 444-447.

[2] Yanming T, Zheng Q. DGA based insulation diagnosis of power transformer via ANN[C]. Proceedings of the 6th International Conference on Properties and Applications of Dieletric Materials, Xi'an, 2000: 133-136.

[3] Moradi M, Gholami A. Transformer condition assessment via oil quality parameters and DGA[C]. IEEE International Conference on Condition Monitoring and Diagnosis, Beijing, 2008: 993-999.

[4] 彭宁云. 基于 DGA 技术的变压器故障智能诊断系统[D]. 武汉: 武汉大学博士学位论文, 2004: 9-10.

[5] 中华人民共和国电力工业部. 电力设备预防性试验规程: DL/T596—1996[S]. 北京: 中国电力出版社, 1997.

[6] 中华人民共和国国家能源局. 变压器油中溶解气体分析和判断导则: DL/T722—2014[S]. 北京: 中国电力出版社, 2015.

[7] 章政. 基于遗传编程的电力变压器绝缘故障诊断模型研究[D].上海: 上海交通大学硕士学位论文, 2007: 4-6.

[8] 孙才新, 陈伟根, 李俭, 等. 电气设备油中气体在线监测与故障诊断技术[M]. 北京: 科学出版社, 2003.

[9] 钱旭耀. 变压器油及其相关故障诊断处理技术[M]. 北京: 中国电力出版社, 2006.

[10] 操敦奎. 变压器油中气体分析诊断与故障检查[M]. 北京: 中国电力出版社, 2005.

[11] 李建坡. 基于油中溶解气体分析的电力变压器故障诊断技术的研究[D]. 长春: 吉林大学博士学位论文, 2008: 19-20.

[12] 陈志勇, 李忠杰. 油中溶解气体分析在变压器故障诊断中的应用[J]. 变压器, 2011, 48（2）: 64-66.

[13] 郑伟, 童怀, 钱国超, 等. 基于 DGA 及 AGAWNN 的电力变压器故障诊断[J]. 变压器, 2009, 46（4）: 65-69.

[14] 齐振忠. 多信息融合的变压器实时状态评估[J]. 高压电器, 2012, 48（1）: 95-100.

[15] 韩世军, 朱菊, 毛吉贵, 等. 基于粒子群优化支持向量机的变压器故障诊断[J]. 电测与仪表, 2014, 51（11）: 71-75.

[16] 刘娜, 谈克雄, 高文胜. 基于油中溶解气体谱图的变压器故障识别方法[J]. 清华大学学报（自然科学版）, 2003, 43（3）: 301-303.

[17] 颜湘莲, 文远芳. 模糊神经网络在变压器故障诊断中的应用研究[J]. 变压器, 2002, 39（7）: 41-43.

[18] 段侯峰. 基于遗传算法优化 BP 神经网络的变压器故障诊断[D]. 北京: 北京交通大学硕士学位论文, 2008.

[19] 熊浩, 孙才新, 廖瑞金, 等. 基于核可能性聚类算法和油中溶解气体分析的电力变压器故障诊断研究[J]. 中国电机工程学报, 2005, 25（20）: 162-166.

[20] 董立新, 肖志明, 王俏华, 等. 模糊粗糙集数据挖掘方法在电力变压器故障诊断中的应用研究——基于油中溶解气体的分析诊断[J]. 电力系统及其自动化学报, 2004, 16（5）: 1-4, 19.

[21] 董明, 孟源源, 徐长响, 等. 基于支持向量机及油中溶解气体分析的大型电力变压器故障诊断模型研究[J]. 中国电机工程学报, 2003, 23（7）: 88-92.

[22] 王永强, 律方成, 李和明. 基于贝叶斯网络和 DGA 的变压器故障诊断[J]. 高电压技术, 2004, 30（5）: 12-13.

[23] 段青. 基于稀疏贝叶斯学习方法的回归于分类在电力系统的预测研究[D]. 济南: 山东大学博士论文, 2010.

[24] 刘东平, 单甘霖, 张岐龙, 等. 基于改进遗传算法的支持向量机参数优化[J]. 微计算机应用, 2010, 31（5）: 11-15.

[25] 吕千云, 程浩忠, 董立新, 等. 基于多级支持向量机分类器的电力变压器故障识别[J]. 电力系统及其自动化学报, 2005, 17（1）: 19-22.

[26] 王永强, 律方成, 李和明. 基于粗糙集理论和贝叶斯网络的电力变压器故障诊断方法[J]. 中国电机工程学报, 2006, 26（8）: 137-141.

[27] Tipping M E. Sparse Bayesian learning and the relevance vector machine[J]. Journal of Machine Learning Research, 2001, 1: 211-244.

[28] Damoulas T, Ying Y, Girolami M A, et al. Inferring sparse kernel combinations and relevance vectors: An application to subcellular localization of proteins[C]. Proceedings of the 7th International Conference on Machine Learning and Applications（ICMLA2008）, San Diego, 2008: 577-582.

[29] Psorakis I, Damoulas T, Girolami M A. Multiclass relevance vector machines: Sparsity and accuracy [J]. IEEE Transactions on Neural Networks, 2010, 21（10）: 1588-1598.

[30] 田晓霄. 变压器故障多信息融合诊断方法研究[D]. 重庆: 重庆理工大学硕士学位论文, 2011.

[31] 宋绍民, 桂卫华, 李祖林, 等. 基于多信息的变压器故障免疫诊断方法[J]. 电力系统自动化, 2006, 30（16）: 61-65.

[32] Albert J, Chib S. Bayesian analysis of binary and polychotomous response data[J]. Journal of the American Statistical Association, 1993, 88: 669-679.

[33] 汤宝平, 刘文艺, 蒋永华. 基于交叉验证法优化参数的 Morlet 小波消噪方法[J]. 重庆大学学报, 2010, 33（1）: 1-6.

[34] 卢恒, 凌震华, 雷鸣, 等. 基于最小生成误差的 HMM 模型聚类自动优化[J]. 模式识别与人工智能, 2010, 29（6）: 822-828.

[35] Affenzeller M, Winkler S, Wagner S, et al. Genetic Algorithms and Genetic Programming: Modern Concepts and Practical Applications[M]. New York: Crc Press, 2009: 1-22.

[36] 尚万峰, 赵升吨, 申亚京. 遗传优化的最小二乘支持向量机在开关磁阻电机建模中的应用[J]. 中国电机工程学报, 2009, 29（12）: 65-69.

[37] 国家电网公司运维检修部.变压器类设备典型故障案例汇编[M]. 北京: 中国电力出版社, 2012.

[38] 韩玉翠, 孙宜海, 满其春, 等. 色谱分析在变压器故障诊断中的应用[J]. 中国设备工程, 2007, 49（2）: 47-50.

[39] 汤晓红, 汤晓君. 110kV 主变压器过热性故障分析[J]. 东北电力技术, 2005, 7: 21-22.

第4章 变压器振动信号的特征提取和故障诊断方法

4.1 变压器振动信号研究意义及现状

据不完全统计，在已有记录的事故中，由变压器故障引起的系统事故占很大的比例[1-3]，分析发现，出口或近区短路是诱发变压器短路损坏事故的首要原因。当电网发生的大电流通过变压器时，如果电动力超过了变压器绕组所能承受的力，绕组会发生幅向严重变形失稳，进而引起绝缘局部放电、匝间短路，导致绝缘进一步损坏，严重的甚至将变压器烧毁。而且短路电流冲击对变压器绕组的影响具有累计效应，这对超高压和特高压输变电系统中的变压器影响和危害更大。变压器运行中常见的故障是过热性故障，主要表现为铁心多点接地、局部短路和紧固不良等形式。当铁心夹件、连接铁心结构的螺栓松动，绝缘垫块产生移动、变形和破损或者铁心存在多点接地等故障时，铁心振动加剧，从而危及铁心和线圈的绝缘，严重的将烧毁铁心。此类故障大多与检修工作不细致有关，或是厂家遗留问题。

基于上述分析，开展变压器绕组及铁心在线状态监测与故障诊断的研究是十分必要的，这有助于及时发现变压器的故障隐患并及时予以维修，进而减少或避免变压器绕组及铁心缺陷引发的突发事故。

国内外研究了许多检测变压器绕组形变、铁心松动故障的方法，主要有短路阻抗法、低压脉冲法、频率响应法、气相色谱法等[4]，但是这些方法均不能在线地反映变压器的运行状况[5]。其中，最常用的短路阻抗法和频率响应法只能在变压器绕组发生明显形变的情况下才能得出判断结果，且不能诊断出形变类型及位置。

近年来，基于振动信号分析变压器绕组和铁心机械状况的方法取得了一定的研究成果[6-8]，也是目前变压器在线监测的研究热点之一。与传统的方法相比，振动分析法利用贴在变压器器身上的振动传感器获取变压器在线运行过程中的振动信号，提取信号的时域、频域等特征信息，评估诊断绕组、铁心当前的运行状态，预测可能发生的故障。整个过程中，振动分析法最大的优点是能够在线监测，简单易行，与整个电力系统没有电气连接，对整个电力系统的正常运行无任何影响，具有较强的灵敏度，能识别变压器绕组和铁心的细微故障，具有良好的应用前景。

变压器振动信号有两个传播途径：一是直接传递给外壁；二是经变压器油传

给外壁。由于受各种因素的影响，振动信号在传递过程中会发生重叠、衰减、相移等变化，到达油箱表面的是含有谐波分量的十分复杂的信号，具有多种振动形态，如何从中提取到有效的特征信息是目前研究的关键问题。

文献[9]~文献[13]通过建立能量变化与变压器铁心故障的映射关系，提出了一种基于小波包的变压器能量-故障诊断模式识别方法，将 3 层小波包分解后各个频段能量的增减作为故障判据，该方法的判断准确性依赖大量经验数据，对于不同的变压器其适应性较差。文献[6]建立了较完善的变压器系统动力学分析模型，试验研究了变压器振动信号谐波分量变化与绕组压紧力之间的关系，但并未给出具体的信号特征提取方法。文献[14]利用希尔伯特-黄变换(HHT)，得到的表征铁心振动信号时频变换的三维希尔伯特能量谱及边界谱，可作为正常运行和隐含故障的铁心振动特征，其给出的分析图例能明显看出正常工况与故障工况的区别，但该文献并未给出可作为判据的具体状态指纹参数。文献[15]提出除基频分量，50Hz 分量及其倍频分量、基频的倍频分量均可作为故障特征频率，建立了振动信号基频分量折算模型。该方法对易产生 50Hz 及其倍频分量的绕组轴向变形故障识别率高，但当绕组发生径向变形故障和混合故障时，该方法所用特征量变化不明显，易产生漏检。另外，FFT 不能有效提取动态非平稳信号的特征，而变压器振动信号在一定程度上具有非平稳特征，因此，仅使用 FFT 分析变压器振动信号可能会漏检，甚至误判某些故障工况。

通过贴在变压器器身上的传感器获取在线状态下的振动信号，不同工况下其时域特征往往不明显、不直观，很难直接用于铁心和绕组的异常判别。此时，信号处理方法的选择、结果的准确性以及具体特征矢量的选取对最后的诊断结论都会产生较大的影响，这也是本书研究的意义所在。

4.2　变压器本体振动分析

变压器振动是由铁心、绕组、油箱(包括磁屏蔽等)的振动及冷却装置的振动产生的，是一种连续性的振动[13]。其中铁心、绕组和油箱(包括磁屏蔽等)统称为变压器的本体。铁心的振动主要取决于硅钢片的磁致伸缩，绕组的振动是当负载电流通过绕组时，在绕组间、线饼间、线匝间产生电磁力引起的。变压器本体的振动以电网频率的 2 倍为基频，伴随其他高次谐波成分。

4.2.1　变压器铁心振动机理及其与振动信号的关系

当变压器稳定运行时，在铁心的磁化过程中，硅钢片沿磁力线方向的尺寸增加，垂直于磁力线方向的尺寸缩小，使得铁心随着励磁频率的变化而发生周期性的振动，铁心的振动通过铁心垫脚固体和绝缘油液体传递到油箱壁。忽略磁滞现象，铁心磁致伸缩与铁心中工作磁通密度的关系满足二次函数曲线，也就是说铁磁晶体长度的变化与磁通密度的平方成正比，因此表征磁致伸缩的磁场力 F_c 正比于电压的平方[5]：

$$F_c \propto U^2 \tag{4-1}$$

通过理论与试验的证明[16-18]，对于频率为 50Hz 的正弦交变电磁场，励磁频率的变化频率是 100Hz，表征磁致伸缩的磁场力 F_c 也随 100Hz 频率变化。磁场力 F_c 引起铁心振动的基频是电源频率的两倍。同时，铁心中主磁通在接缝处遇到空气缝隙时分布较为复杂，以及沿铁心内框和外框的磁通路径长短不同等，使得铁心振动频谱中除了频率为 100Hz 的基频振动，还包含频率为基频整数倍的高频振动成分[19]。

铁心夹件、连接铁心的螺栓松动或者绝缘垫块产生位移、形变、破损，铁心的轴向压紧力变小，造成硅钢片松动，硅钢片之间的电磁吸引力变大，加剧铁心振动。当硅钢片表面的绝缘涂层遭到破坏时，硅钢片的表面张力将会减小，导致磁致伸缩引起的铁心振动变大。尤其是绝缘层遭严重破坏时，将导致铁心多点接地，温度升高，铁心局部磁通密度发生畸变，铁心感应产生涡流，振动进一步增强。由此可见，铁心的压紧力变化、温度升高、绝缘层损伤等铁心故障可以通过铁心振动信号的变化反映出来[13]。在变压器空载条件下，对变压器器身振动情况进行测量，可以反映变压器铁心状态[19]。

4.2.2　变压器绕组振动机理及与振动信号的关系

当电流通过变压器时，绕组周围将产生漏磁场，电流与漏磁场相互作用于绕组，在绕组内产生电动力，电动力为[20]

$$\mathrm{d}\boldsymbol{F} = \delta\mathrm{d}V\boldsymbol{B} \tag{4-2}$$

式中，$\boldsymbol{F}$ 为作用在元电流段上的电动力；$\delta\mathrm{d}V$ 为元电流段；$\boldsymbol{B}$ 为磁感应强度。因为磁场大小与绕组中的电流成正比，所以电动力 $\boldsymbol{F}$ 的平方正比于绕组电流，$\boldsymbol{F}$ 为两倍于电网频率并呈周期性变化的力。因此判断绕组的状况必须考虑负载电流的大小，特别是短路电流连续冲击的影响。

随着电网容量的不断增大，变压器出口或近区短路造成的大电流冲击力对绕组构成了很大的威胁，如果电动力超过了变压器绕组承受力的范围，则常会导致变压器绕组发生形变。由于绕组形变具有累积效应，虽然在遭受冲击后仍能运行一段时间，但当形变累积到一定程度时会严重破坏绕组的机械动稳定性，同时绕组形变也会降低其绝缘强度，给变压器运行带来很多的事故隐患[21]。

当变压器运行时，绕组受到的电动力作用是一个复杂的动态过程[22]，主要包括径向电动力作用、轴向电动力作用以及周向电动力作用。径向电动力由漏磁场的轴向分量与电流相互作用产生，作用于内绕组与外绕组上，分别产生压应力与拉应力。当径向电动力的压（拉）力大于绕组内壁撑条支撑的弯曲应力时，绕组将产生位移，随着绕组位移的扩大，这种形变的累积将破坏匝绝缘，最终导致变压器发生故障。绕组承受的轴向电动力是轴向内力与轴向外力的矢量和。轴向内力压缩内外绕组，且沿线圈高度不均匀分布。轴向外力使这种不对称性增大，较其他短路力更容易造成绕组事故[23]。周向电动力在一般情况下相对较小，仅当多个电流并行流过螺旋式高压调压绕组时，轴向短路增大，需要考虑周向电动力问题。

相关文献计算了绕组轴向振动方程的动态响应过程[11]，可以得知变压器绕组振动信号与绕组运行状况之间的关系。在变压器的运行中，绕组层压木板的下压螺钉返松、压紧力的变化、绕组形变等故障隐患可以通过绕组的振动加速度值的变化反映出来。特别是当绕组强迫振动频率接近固有频率时，加速度大幅增加。因此可以通过监测绕组的振动信号，提取其振动特征，以判断绕组的当前状态。

4.2.3 变压器振动信号分析

变压器运行中难免会遭受各种突发性短路电流冲击，以绕组为例，其每个线圈都可能受到强大的径向力和轴向力的共同作用，在累积效应的作用下，绕组可能同时发生轴向和径向的形变，此时获取的振动信号虽然与单个故障振动相似，但故障振动波之间的相互影响导致其振动信号形态更加丰富，不完全是多个单故障信号的简单叠加，这使得变压器振动信号分析问题更复杂和困难。

在分析了变压器振动机理的基础上，下面对电力变压器空载试验中正常运行、铁心松动、绕组形变故障等工况下的振动信号进行一般性典型特征的分析。

图 4-1 是变压器空载试验中，加载电压 25kV，第五通道的变压器正常状态、铁心故障与绕组故障工况下测得的振动信号的时域图。图 4-2 是变压器正常状态、铁心故障与绕组故障工况下测得的振动信号的频谱图。具体试验环境和条件见 4.5.1 小节。

从图 4-1 可以看出，变压器振动信号的时域图在不同工况下其波形非常类似，很难直接区分。从图 4-2 可以看出，变压器正常运行工况下，基频分量（100Hz）幅值最大，为主要频率分量，印证了变压器绕组和铁心振动基频为电网频率的 2 倍。分析设置了铁心和绕组故障后的振动信号频谱图发现，除 100Hz 分量幅值变化，其他倍频分量的幅值也发生了一定变化。在一些文献中，将 100Hz 基频分量的变化作为唯一的变压器状态诊断的条件，这难以保证诊断的准确性，或者说局限性较大，仅能初步分辨出变压器的正常状态与故障状态。另外，考虑到变压器内部多种故障均能引起基频分量的变化，因此仅用 100Hz 基频分量的变化不能达到进一步确定变压器故障类型的目的。文献[15]提出，除基频分量，50Hz 分量及其倍频分量、基频的倍频分量均可以作为故障特征频率，根据不同频率分量在不同位置处的变化规律及相互能量的组合关系，建立绕组变形故障诊断模型和基于该模型的诊断方法。文献[15]提出的方法可以较好地将绕组轴向变形故障从变压器其他故障工况中区分出来，并且算法简单，识别率高。但是50Hz 分量及其倍频分量幅值变化相对小，只有靠近故障点的传感器才能明显监测到。另外，此方法对于绕组的径向形变故障和混合形变故障的分辨效果不明显，不能有效识别。

因此还需要针对变压器振动信号兼具平稳与非平稳信号的特点，结合传统的信号处理方法和非平稳信号处理方法，对变压器振动信号进行更加全面细致的分析，提取出相应的特征参量，并应用于多种分类诊断方法以验证其可行性和准确性。

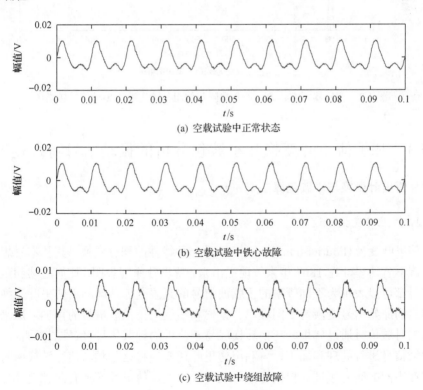

图 4-1　变压器正常状态、铁心故障与绕组故障工况下振动信号时域图

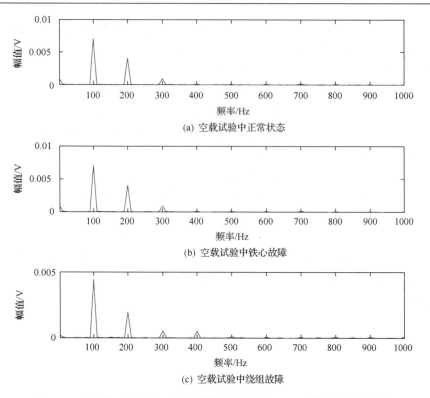

(a) 空载试验中正常状态

(b) 空载试验中铁心故障

(c) 空载试验中绕组故障

图 4-2　变压器正常状态、铁心故障与绕组故障工况下振动信号频谱图

4.3　基于傅里叶变换和小波包分析的振动信号特征提取

4.3.1　傅里叶变换与小波包算法

1. 傅里叶变换概述

傅里叶变换(Fourier transform，FT)是一种线性的积分变换，其基本思想首先由法国学者傅里叶在 1807 年系统地提出来。傅里叶原理表明：任何连续测量的时序信号都可以表示为不同频率的正弦波信号的无限叠加，即利用傅里叶变换可以将测量的原始信号变换为不同频率、振幅和相位的正弦波信号的累加。原来难以处理的时域信号通过傅里叶变换转换成易于分析的频域信号(信号的频谱)，可以对频域信号进行处理和加工，再利用傅里叶逆变换将这些频域信号转换成时域信号。在不同的研究领域，根据原信号的不同类型，傅里叶变换有四种变体形式，分别是连续傅里叶变换、傅里叶级数(Fourier series，FS)、离散时间傅里叶变换(discrete time Fourier transform，DTFT)和离散傅里叶变换(discrete Fourier transform，DFT)。傅里叶变换四种变体的比较如表 4-1 所示。

表 4-1　傅里叶变换四种变体的比较

变换	时间	频率
连续傅里叶变换	连续，非周期性	连续，非周期性
傅里叶级数	连续，周期性	离散，非周期性
离散时间傅里叶变换	离散，非周期性	连续，周期性
离散傅里叶变换	离散，周期性	离散，周期性

其中，离散傅里叶变换定义：设 $x(n)$ 是一个长度为 N 的有限长序列，则定义 $x(n)$ 的 N 点离散傅里叶变换为

$$X(k)=\text{DFT}\big(x(n)\big)=\sum_{n=0}^{N-1}x(n)W_N^{kn}, \quad k=0,1,\cdots,N-1 \qquad (4\text{-}3)$$

$x(k)$ 的离散傅里叶逆变换为

$$x(n)=\text{IDFT}\big(X(k)\big)=\frac{1}{N}\sum_{k=0}^{N-1}\big(X(k)W_N^{-kn}\big), \quad n=0,1,\cdots,N-1 \qquad (4\text{-}4)$$

式中，$W_N=\text{e}^{-\text{j}\frac{2\pi}{N}}$，$N$ 称为离散傅里叶变换区间长度，通常称式(4-3)和式(4-4)为离散傅里叶变换对。

1965 年库利和图基提出的快速傅里叶变换(FFT)降低了离散傅里叶变换的计算复杂度，且便于计算机处理，使得离散傅里叶变换方法成为信号处理领域十分实用且重要的方法。在实际应用中通常使用 FFT 高效计算离散傅里叶变换。

2. 小波包算法概述

小波包分析属于线性时频分析方法，是小波变换的推广。小波变换通过伸缩和平移两种方法，跟随信号频率自适应调节，当分析低频信号时频率分辨率较高，而当分析高频信号时频率分辨率较低，因此可以观测到信号任意时刻的细节，有效处理突变信号，解决傅里叶变换不能处理非平稳信号的问题。小波变换详见 2.2 节。由于小波变换仅能进一步分解信号的低频部分，所以小波变换对以低频信号为主的信号可以进行很好的表征[24]。但是实际应用中，如非平稳机械振动信号、地震信号和生物医学信号等，都包含大量高频分量，小波变换不能很好地对这些信号进行分解。与小波变换相比，小波包同时分解细节信号和近似信号，克服了小波变换在高频段的频率分辨率较差，而在低频段的时间分辨率较差的缺点，是一种更精细的信号分析方法。

小波包基本原理：给定尺度函数 $\phi(t)$ 和小波函数 $\psi(t)$，其二尺度关系为

$$\phi(t) = \sqrt{2} \sum_{k \in \mathbf{Z}} h_k \varphi(2t - k) \tag{4-5}$$

$$\psi(t) = \sqrt{2} \sum_{k \in \mathbf{Z}} g_k \psi(2t - k) \tag{4-6}$$

式中，尺度函数 $\phi(t)$ 的滤波器为 $\{h_k\}$；小波函数 $\psi(t)$ 的滤波器为 $\{g_k\}$；$\mathbf{Z}$ 为整数集。进一步，定义下列递推关系：

$$w_{2n}(t) = \sqrt{2} \sum_{k \in \mathbf{Z}} h_k w_n(2t - k) \tag{4-7}$$

$$w_{2n+1}(t) = \sqrt{2} \sum_{k \in \mathbf{Z}} g_k w_n(2t - k) \tag{4-8}$$

当 $n=0$ 时，$w_0(t) = \phi(t)$，$w_1(t) = \psi(t)$。由式 (4-7) 和式 (4-8) 定义的函数集合 $\{w_n(t)\}_{n \in \mathbf{Z}}$ 为 $w_0(t) = \phi(t)$ 所确定的小波包。因此，小波包 $\{w_n(t)\}_{n \in \mathbf{Z}}$ 是包括尺度函数 $w_0(t)$ 和母小波函数 $w_1(t)$ 在内的一个具有一定联系的函数的集合。

图 4-3 是一个三层小波包分解示意图。从时域来看小波包分解，每一层小波包数目比上一层中的小波包数目增加一倍，每个小波包的数据长度和时域分辨率均比上一层减半。从频域来看小波包分解，每个小波包数据是原始信号在不同频率段上的成分，小波包的频带相邻且带宽相等，分解的层数越多则频率段划分得越细。

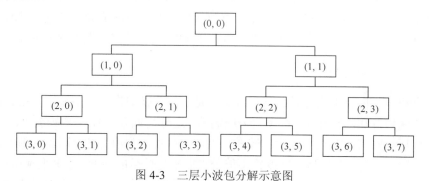

图 4-3　三层小波包分解示意图

4.3.2　基于傅里叶和小波包分析的信号特征提取方法

FFT 方法原理简单、分析速度快、能很好地直观刻画信号的典型频率特性。FFT 的技术已相当成熟，是目前应用最广泛的信号处理方法之一。但是傅里叶频率是用全局的正弦波定义的，与时间无关，并且假设信号波形是稳态和周期的，采样的周波数是整数的，因此也限制了 FFT 对复杂振动信号表现的非线性、非平稳性进行有效的分析和处理。

小波包分析具有优异的时-频分辨率特性，能有效地提取振动信号特征[25-27]。与小波变换相比，小波包分析提供了一种更为精细的分解方式，它不仅对低频段进行分解，还对高频度进行相同尺度的分解，并能根据被分析信号的特征，自适应地选择相应频带，使之与信号频谱相匹配，提高了信号分析的分辨率，从而能提取更多的反映信号特征的信息。但小波包分析对所有的高频段进行高分辨率分析，加大了算法的运算量，使信号特征提取的实时性大打折扣。

本书在提取变压器振动信号特征信息时，将 FFT 和小波包分析结合起来，先利用 FFT 对信号进行频谱分析，然后根据 FFT 得出的信号主要频率成分，自适应选择小波包分解层数及分解与重构频段。在本方法中，依据 FFT 得到的频谱，能自适应选择小波包分解层数，并对频段有选择地进行高分辨率分析，在提高小波包分析的精准度的同时，减少了分析方法的运算量，提高了特征信息提取的实时性。

基于 FFT 和小波包的特征提取方法步骤如下。

(1) 对变压器振动信号进行 FFT 频谱分析，以频谱均值为阈值筛选出前 m 个频率峰值，作为信号的特征频率 $F=[f_1, f_2 \cdots, f_m]$。

(2) 计算信号特征频率 F 中各频率的最小间隔频率 f，接着计算小波包分解层数 n，使 n 层小波包分解后每个频率段的频率区间间隔 F_i 小于 f。

$$F_i = \frac{F_s/2}{2^n} \tag{4-9}$$

式中，F_s 为振动信号采样频率。

(3) 根据信号特征频率 F，对频段有选择地进行 n 层小波包分解，提取小波包系数。

(4) 选择包含信号特征频率 F 的小波包分解频段系数作为振动信号的特征矢量 $T=[t_1, t_2, \cdots, t_l]$。

(5) 计算 T 的能量熵作为最终振动信号的特征矢量,该特征矢量能综合表现变压器绕组和铁心的状态信息。

4.4　基于 EEMD 的振动信号特征提取

4.4.1　EEMD 方法概述

传统的傅里叶变换分析方法具有很高的频率分辨率，但是不能分析出信号的某一频率在什么时刻出现，为此产生了同时在时间和频率上表示信号密度与强度的时频分析。HHT 方法是由 Huang 等在 1998 年提出的一种时频分析方法，其中的 EMD 方法能对非线性、非平稳信号进行分析，具有良好的自适应性，其本质是对信号进行平稳化处理，将具有不同时间尺度的信号逐级分解开来。EMD 方法详见 2.3.1 节。

EEMD 是 EMD 的改进算法，能有效地解决 EMD 的混频现象。EEMD 是由 Flandrin 等组成的 EMD 算法小组和 Huang 本人成立的研究小组提出的通过加噪声而进行辅助分析的算法，它通过人为地添加强度相同但序列不同的白噪声来补充信号中缺失的尺度，并对得到的信号进行 EMD。在向整个时频空间中加入均匀的白噪声后，滤波器组就会将这个时频空间分割成不同的尺度成分；当均匀的噪声作为信号的背景加入原始信号后，不同尺度的信号区域将会自动映射到与附加的均匀白噪声相对应的尺度上。在这个过程中，每个独立的测试都可能产生非常嘈杂的结果，这是因为加入噪声后的信号不仅包括了有用的信号部分，还有人为添加于其上的白噪声。EEMD 算法中每次测试加入的背景白噪声是不相关的，当添加的白噪声次数足够多时，原信号中的噪声将会被消除。总体的均值最后将会被认为是真正的结果，唯一持久稳固的部分是信号本身。对每次添加白噪声之后分解得到的每一层 IMF 取总体平均值，得到的结果即 EEMD 方法分解后的 IMF[7-9]。EEMD 方法详见 2.3.2 节。

4.4.2　基于 EEMD 的振动信号特征提取方法

EEMD 方法选择参数少，分解结果稳定，非常适合对非平稳故障微弱信号进行分析处理，但其存在算法复杂度较高、分解时间过长的缺点。

对大量实验室测试数据的试验表明，EEMD 得到的 IMF 能很好地体现变压器绕组和铁心的振动特性，并具有明确的物理意义。变压器振动信号中绕组和铁心各种故障变化在各阶 IMF 瞬时频率与能量中能够准确有效地表现出来。因此，选择有效反映变压器振动信息的 IMF 构成特征矢量，用特征矢量的距离值定量表示变压器绕组和铁心当前的状态。具体过程如下。

(1)对变压器振动信号进行 EEMD。

(2)选择有效反映振动信息的 IMF_i（$i = 1, 2, \cdots, n$）。

(3)采用欧氏距离算法计算所选各个 IMF_i 的值，构成特征矢量 $\boldsymbol{P} = [P_1, P_2, \cdots, P_n]$。

(4)将特征矢量按列归一化处理，该特征矢量能综合表现变压器绕组和铁心的状态信息。

4.5　变压器铁心和绕组故障诊断实例

4.5.1　试验环境与条件

为验证 4.3 节和 4.4 节中提出的两种特征提取方法，并实现对变压器铁心和绕组故障的诊断，本书分别利用变压器在空载工况和短路工况下获取的变压器振动信号进行分析测试。在实验室对 1 台 SZ-20000/35kV 的三相绕组变压器进行了试验，将 6 个压电集成电路(integrated circuits piezoelectric，ICP)型加速度振动传感器(100mV/g)以永磁体方式安装在变压器油箱上，得到 6 个通道的采样数据。6 个传感器分别布置在变压器低压侧三相绕组对应的箱壁上，每相绕组对应的箱壁中部和底部各布置 1 个，如图 4-4 所示。数据采样频率为 10240Hz。空载试验中共分 8 次加载电压到额定电压，分别为 3.5kV、7kV、10kV、15kV、20kV、25kV、30kV、35kV，振动数据采样频率为 10240Hz。短路试验中共分 10 次加载电流至上限，分别为 10%、20%、30%、40%、50%、60%、70%、80%、90%、100%。

　　试验中除获取变压器正常工况下的振动信号，还模拟了变压器绕组和铁心的故障工况。故障均为人为设置，其中铁心故障是铁心顶部紧固螺栓脱落状态。绕组故障包括：抽取低压绕组顶部两层绕组垫块，模拟绕组垫块脱落，作为绕组故障 1；使绕组侧面发生内凹形变，径向形变量不超过 1cm，模拟绕组径向形变，作为绕组故障 2；使绕组同时发生内凹形变及绕组垫块脱落，模拟绕组混合故障，作为绕组故障 3。

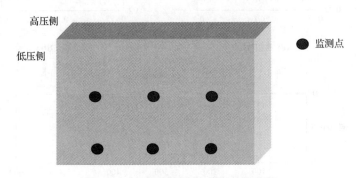

图 4-4　变压器箱体振动信号检测位置

　　本书分别利用 4.3.2 节和 4.4.2 节中的特征提取方法对振动数据进行了特征提取，并利用 Fisher、KNN 算法和 RVM 算法进行分类诊断。

4.5.2　基于 FFT 和小波包的特征提取和诊断

　　本书分别对空载试验和短路试验测得的变压器振动信号进行基于 FFT 和小波包的特征提取和诊断。图 4-5 是空载试验中，加载电压 25kV，第二通道获取的变压器正常工况、铁心故障与绕组故障下的振动信号时域图。图 4-6 是图 4-5 所示振动信号对应的频谱图。图 4-7 是短路试验中，加载至电流上限 90%，第二通道获取的变压器正常工况、铁心故障与绕组故障下的振动信号时域图。图 4-8 是图 4-7 所示振动信号对应的频谱图。

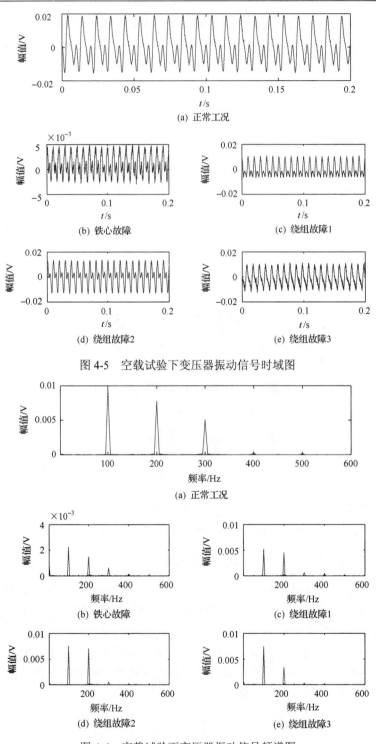

图 4-5　空载试验下变压器振动信号时域图

图 4-6　空载试验下变压器振动信号频谱图

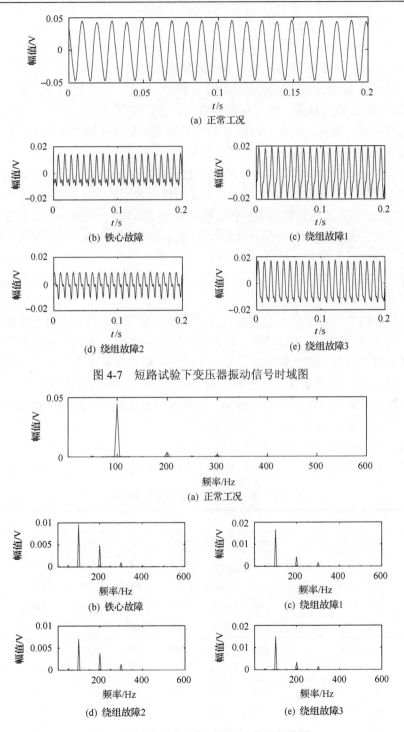

图 4-7　短路试验下变压器振动信号时域图

图 4-8　短路试验下变压器振动信号频谱图

当变压器铁心或者绕组出现异常时，如图 4-5 和图 4-7 所示，振动信号波形和振幅会发生一定变化，因此仅凭时域特征很难直接明确区分变压器铁心或绕组的当前状态。图 4-6 和图 4-8 将空载试验和短路试验下各种工况的变压器振动信号进行了 FFT 频谱分析。从图 4-6 和图 4-8 可以看出，正常工况下，振动信号基频分量(100Hz)幅值最大，为主要频率分量，这印证了变压器绕组和铁心振动基频为电网频率的两倍，因此 100Hz 基频分量的变化也常被用作变压器状态诊断的主要特征参数。文献[15]提出，除基频分量，50Hz 分量及其倍频分量、基频的倍频分量均可以作为故障特征频率，可以根据不同频率分量在不同位置处的变化规律及相互能量的组合关系，建立绕组形变故障诊断模型和基于该模型的诊断方法。文献[15]提出的方法可以很好地将铁心故障和绕组故障 1 从变压器其他故障工况中区分出来。但是 50Hz 分量及其倍频分量幅值变化相对小，只有靠近故障点的传感器才能明显监测到。另外，此方法对于绕组故障 2 和绕组故障 3 的分辨效果不明显，不能有效识别。因此，若仅利用 FFT 频谱分析的结果分析变压器振动信号可能会产生漏检。

另外，FFT 频谱分析不能有效提取动态非平稳信号的特征，而变压器振动信号在一定程度上具有非平稳特征，因此，仅使用 FFT 分析变压器振动信号可能会有遗漏，甚至误判某些故障工况。鉴于小波包分析在处理非平稳信号时的优秀表现，本书在 FFT 的基础上结合了小波包分析，充分利用两者的优势。

以图 4-5 和图 4-7 所示数据为例，分别对空载试验和短路试验测得的变压器振动信号进行基于 FFT 和小波包的特征提取。

(1)对振动信号进行 FFT 频谱分析，如图 4-6 和图 4-8 所示。以频谱均值为阈值筛选出前 m 个频率峰值，作为信号的特征频率 $F=[f_1, f_2 \cdots, f_m]$，如表 4-2 所示。

表 4-2　变压器振动信号主要特征频率　　　　　　（单位：Hz）

试验类型	变压器状态	特征频率							
空载试验	正常状态	100	200	300	400	500	600	700	
	铁心故障	100	150	200	250	300	400	500	600
	绕组故障 1	50	100	200	300	400	500	600	700
	绕组故障 2	100	150	200	300	400	450	500	600
	绕组故障 3	100	200	250	300	400	600		
短路试验	正常状态	100	200	250	300	400	500	700	
	铁心故障	100	150	200	250	300	400	600	700
	绕组故障 1	100	150	200	250	300	400	450	500
	绕组故障 2	100	150	200	250	300	350	400	500
	绕组故障 3	100	150	200	250	300	400	600	

(2) 从表 4-2 可以得出变压器振动信号特征频率的最小间隔频率 f = 50Hz。信号采样频率 F_s=10240Hz，根据式(4-9)可计算出最佳的小波包分解层数为 7 层，当进行 7 层小波包分解后每个频率段的频率区间间隔为 40Hz，满足分解精度要求。图 4-9 为短路状态时，对变压器振动信号进行小波包分解的时间频率图，分解层数分别为 3 层(图 4-9(a))、6 层(图 4-9(b))和 7 层(图 4-9(c))。从图 4-9 可以看出，当进行 3 层小波包分解时，所有频率信息集中在一个频段上，随着分解层数的增加，比较 6 层和 7 层小波包分解，可以看出信号频率信息明显分散在不同频段，更加精细。

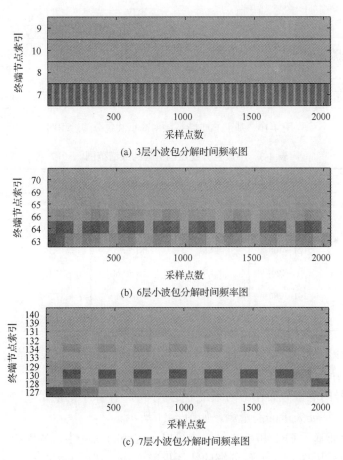

(a) 3层小波包分解时间频率图

(b) 6层小波包分解时间频率图

(c) 7层小波包分解时间频率图

图 4-9 小波包分解时间频率图

(3) 根据表 4-2 中得到的振动信号特征频率，进行有选择性的小波包高分辨率分析，得到 18 个小波包重构信号分量，如图 4-10 所示。各重构信号小波包的频率范围见表 4-3。

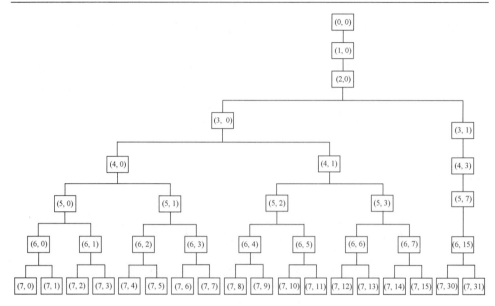

图 4-10　基于 FFT 特征频率的小波包分解过程图

表 4-3　小波包分量重构信号的频谱范围　　　　　　　　（单位：Hz）

小波包分量	频率范围	小波包分量	频率范围	小波包分量	频率范围
(7,0)	0~40	(7,6)	201~240	(7,12)	401~440
(7,1)	41~80	(7,7)	161~200	(7,13)	441~480
(7,2)	121~160	(7,8)	481~520	(7,14)	361~400
(7,3)	81~120	(7,9)	521~560	(7,15)	321~360
(7,4)	241~280	(7,10)	601~640	(7,30)	681~720
(7,5)	281~320	(7,11)	561~600	(7,31)	641~680

(4)选择步骤(3)得到的 18 个小波包分解频段系数作为振动信号的特征矢量 $T=[t_1, t_2, \cdots, t_{18}]$。

(5)信号的能量分布在不同频带上是不同的，计算 T 的能量熵，得到最终振动信号的 18 个特征矢量的能量熵，如图 4-11 所示。

为了验证基于 FFT 和小波包的特征提取方法的优越性，本书将其与单独采用 FFT 和单独采用 3 层小波包分解的特征提取方法，利用 KNN 方法进行变压器振动信号的分类诊断，对 6 个通道数据的平均正判率进行分析和对比。

选取空载试验和短路试验中 5 种工况下(正常状态、铁心故障、绕组故障 1、绕组故障 2 和绕组故障 3)各 50 个样本。一共 250 个样本。随机选取其中 175 个作为训练样本，余下 75 个作为测试样本。

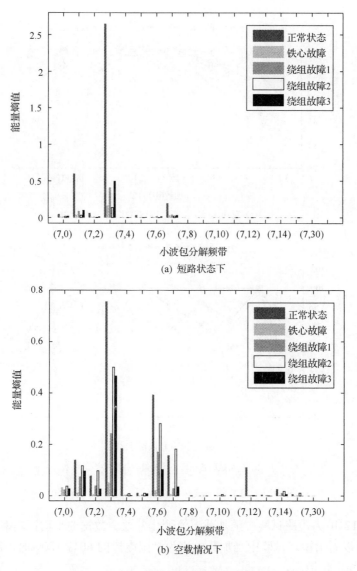

(a) 短路状态下

(b) 空载情况下

图 4-11　振动信号特征矢量能量熵分布图

　　图 4-12(a)为利用本书提出的 FFT 和小波包特征提取方法，在空载试验中随加载电压变化各通道数据的平均正判率变化。从图 4-12(a)可以看出空载试验中随着加载电压的升高，各通道数据对变压器绕组各种状态的平均正判率逐渐提高，当加载电压达到额定电压的 50%以上时均能获得一个较高的正判率。

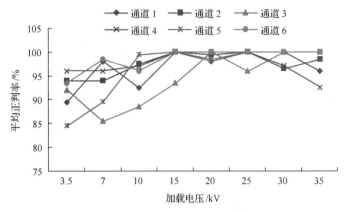

(a) 空载试验各电压下各通道数据的平均正判率

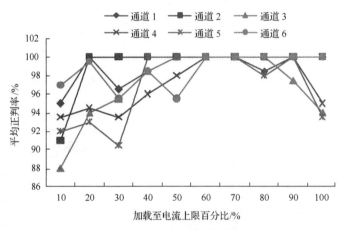

(b) 短路试验各电流下各通道数据的平均正判率

图 4-12　FFT 和小波包特征提取方法平均正判率

图 4-12(b) 为短路试验中随加载电流变化各通道数据的平均正判率变化。从图 4-12(b) 可以看出短路试验中当加载电流为上限电流的 60%～80% 时，各通道数据正判率最稳定也最高。

图 4-13 和图 4-14 分别为空载试验和短路试验中，分别采用三种特征提取方法的 6 个通道数据平均正判率。从图 4-13 和图 4-14 中可以看出，本书提出的 FFT 和小波包特征提取方法，在变压器绕组各种状态下，平均正判率均能达到 90% 以上，证明其较单独采用 FFT 方法提取特征和直接采用 3 层小波包分解提取特征更有利于提高变压器绕组状态正判率。

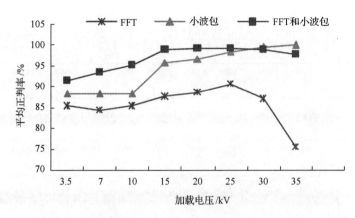

图 4-13　空载试验各电压下三种特征提取方法的平均正判率

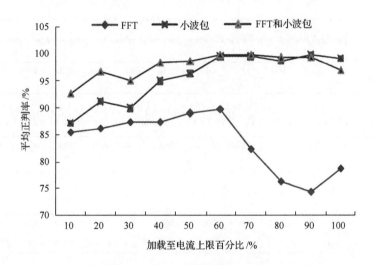

图 4-14　短路试验各电流下三种特征提取方法的平均正判率

4.5.3　基于 EEMD 的特征提取和诊断

　　针对变压器绕组可能出现多种故障并发时的诊断问题,本书将 EEMD 应用于变压器振动信号分析,图 4-15 是变压器正常工况下的 EEMD 结果,图 4-16 是变压器绕组发生轴向形变故障工况下的 EEMD 结果。图 4-17 是变压器正常工况下的 Hilbert 谱图,图 4-18 是变压器绕组轴向形变故障工况下的 Hilbert 谱图。

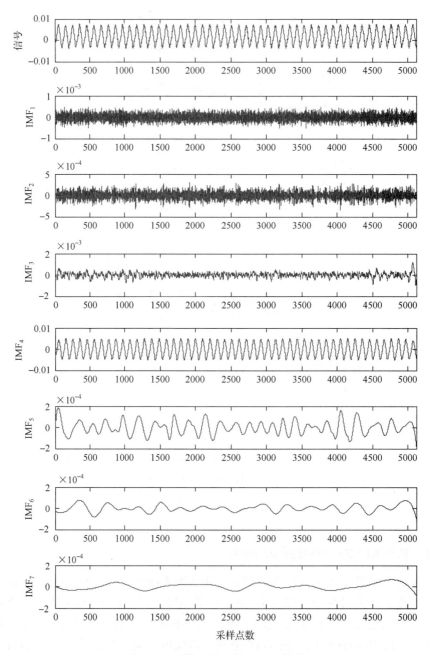

图 4-15　正常工况下的 EEMD 结果

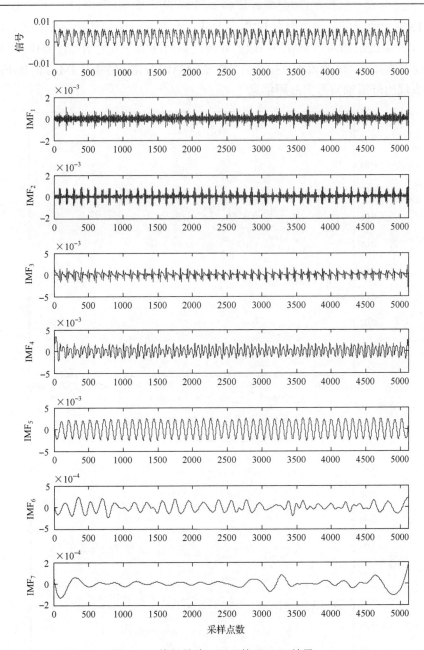

图 4-16   绕组故障工况下的 EEMD 结果

从图 4-15 和图 4-16 可以看出，受试变压器在正常状态下和向形变故障工况下振动信号主要成分为 IMF_1～IMF_7，EEMD 将这 7 个分量自适应地投影到 0～5000Hz 由高到低的对应频率空间，其中，IMF_3～IMF_5 的瞬时频率为 100～800Hz。

对比图 4-15 和图 4-16 中对应的各个 IMF 分量，可以发现它们有明显的区别。

图 4-15 中振动能量主要集中在 IMF_3 和 IMF_4，而图 4-16 中振动能量分散到 IMF_3～IMF_5 中。由绕组轴向形变故障引起的非线性振动高频分量的增加在 IMF_4 和 IMF_5 中表现尤为突出。因此该测点振动信号中低阶 IMF 分量，特别是 IMF_4 和 IMF_5，有效地表现出绕组轴向形变故障信息。

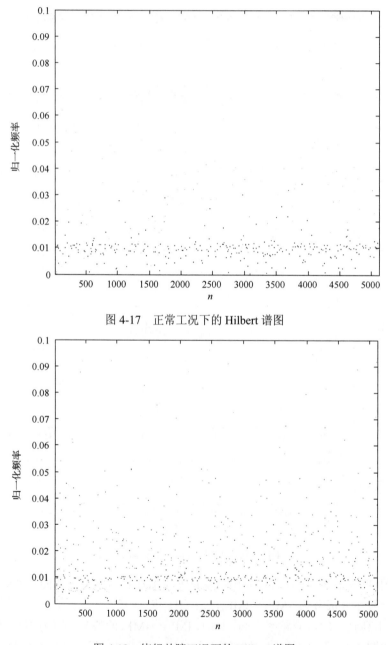

图 4-17　正常工况下的 Hilbert 谱图

图 4-18　绕组故障工况下的 Hilbert 谱图

比较变压器正常工况与绕组轴向形变故障工况下的 Hilbert 谱，如图 4-17 和图 4-18 所示，也可以看出，当发生绕组轴向形变故障时，振动信号的能量分布发生了变化，能量较正常工况下的集中向外扩散，故障越严重，能量扩散变化越大。图 4-17 和图 4-18 中纵坐标的值与采样频率相乘即得实际频率。

文献[15]中基于 FFT 利用 50Hz 分量及其倍频和基频的倍频分量建立的绕组变形诊断模型，能很好地将绕组轴向形变故障从变压器其他故障中区分出来，但此方法对于绕组的径向形变故障和混合形变故障不能有效地分辨。从图 4-2 变压器各种工况下的频谱图，也能看出这一点。

大量数据试验发现，变压器故障信息能表现在 EEMD 后不同的低阶 IMF 分量中，可以选择振动信号的前 6 阶 IMF 分量的欧氏距离值构成振动信号的特征矢量 $[P_1, P_2, P_3, P_4, P_5, P_6]$，通过计算该特征矢量来表征正常与故障工况的判据。表 4-4 是变压器正常和 4 种故障工况下振动信号实验数据计算得到的一组特征矢量。从表 4-4 中可以看出，变压器正常工况下特征矢量中的 P_4 为主要频率能量成分，在故障工况下主要频率能量分布不如正常工况下集中，不同的故障工况呈现不同的频率能量分布。因此根据特征矢量中主要频率能量成分的变化可以判断变压器的当前状态。

表 4-4 变压器正常和故障工况下特征矢量

工况	P_1	P_2	P_3	P_4	P_5	P_6
正常工况	0.0124	0.0065	0.0184	0.2287	0.0047	0.0020
铁心故障	0.0126	0.0150	0.0531	0.0588	0.0496	0.0049
绕组轴向变形故障	0.0161	0.0190	0.0432	0.0710	0.1213	0.0073
绕组径向变形故障	0.0103	0.0049	0.0088	0.1272	0.0338	0.0036
绕组混合故障	0.0144	0.0060	0.0050	0.0243	0.0858	0.0071

为了验证表 4-4 中提取的特征矢量的有效性，本书选择 Fisher 判别分析法对变压器振动信号进行分类。Fisher 判别法能很好地区分类内距离较小而类间距离较大的特征，目前主要应用在气体绝缘组合开关(gas insolation switchgears GIS)放电识别、绝缘老化判别等方面。

首先进行经验样本矩阵判别。根据 Fisher 判别函数的表达式，提取变压器振动信号在 5 种工况下的特征矢量，各选 6 组作为经验样本，并按列归一化处理。对用来构造判别函数的 30 个经验样本进行代入验证，计算各样本特征向量的两个判别函数值 $[Y_1, Y_2]$，并作出以判别函数值为坐标的二维投影图，如图 4-19 所示。其中 Y_1 和 Y_2 分别为振动信号特征矢量在满足 Fisher 判别函数的两个投影方向的投影变换值[28]。从图 4-19 中可以直观地看出，每类样本判别函数值所对应的投影聚类明显，分类效果很好，验证了提取的变压器振动信号特征矢量及求得的判别函数的有效性。

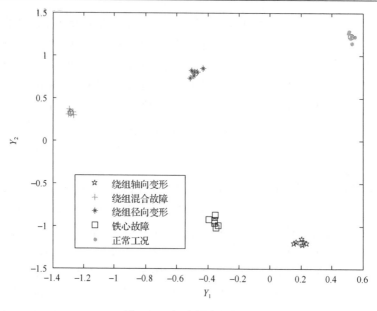

图 4-19　经验样本投影图

　　由经验样本计算出 Fisher 判别函数之后，通过判别函数期望得到待检测样本的类别。提取变压器振动信号在 5 种工况下的特征矢量共 120 组作为检测样本，利用经验样本计算出的 Fisher 判别函数，对检测样本矩阵进行投影，并以 5 个中心投影点作为圆心，以本类判别结果中的点与该圆心最大距离作为半径，画出 5 种变压器振动信号类型的聚类圈，如图 4-20 所示。从图 4-20 可以看出本书提取的变压器振动信号特征矢量能很好地区分设置的正常工况与 4 种故障工况，能很好地区分变压器绕组的轴向形变故障、径向形变故障与混合故障等故障工况。

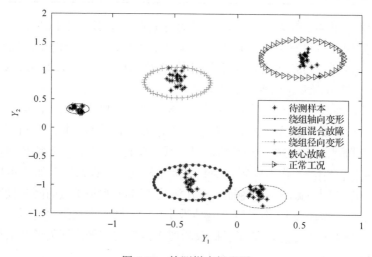

图 4-20　检测样本投影图

4.5.4 实例分析和比较

在 4.5.2 节和 4.5.3 节中对采集的变压器振动信号分别利用两种方法进行了特征提取和故障诊断。

在振动信号的特征提取方法的算法复杂度方面，基于 FFT 和小波包的特征提取方法相对于基于 EEMD 的特征提取方法更简单。经过大量测试样本在 MATLAB 环境下进行特征提取测试，表 4-5 给出了一条数据(0.1s)的两种特征提取方法平均耗时的对比。从表 4-5 可以看出，基于 FFT 和小波包的特征提取方法明显速度快。若再考虑应用于实际系统中的大量处理数据，两种特征提取方法耗时差别会更加明显。

表 4-5 两种特征提取方法平均耗时的对比　　　　　　　　　　（单位：s）

耗时	基于 FFT 和小波包的特征提取	基于 EEMD 的特征提取
平均耗时	0.394	15.913

在振动信号的故障诊断方法方面，根据特征矢量的不同，基于 FFT 和小波包的特征矢量选择了 KNN 方法和 RVM 方法，基于 EEMD 的特征矢量采用了 Fisher 方法。其中 KNN 方法和 Fisher 方法复杂度小，RVM 方法复杂度高。表 4-6 给出了单条测试样本在 MATLAB 环境下进行故障诊断时几种诊断方法耗时对比，其中训练样本 250 个。

表 4-6 KNN/RVM/Fisher 方法耗时对比　　　　　　　　　　（单位：s）

耗时	KNN	RVM	Fisher
平均耗时	0.13	8.06	0.24

表 4-7 给出了空载试验中，基于 FFT 和小波包方法提取特征矢量，利用 KNN 方法对各个电压各个通道的数据进行故障诊断的正判率。从表 4-7 可以看出，试验中所加电压值会对故障诊断的结果造成一定的影响，但是当变压器工作处于额定电压附近时可取得理想的诊断效果。表 4-8 给出了基于 KNN 和 RVM 方法的变压器故障诊断正判率。

表 4-7 空载试验各电压各通道利用 KNN 方法的故障诊断正判率

状态		电压/kV							
		3.5	7	10	15	20	25	30	35
	正常状态/%	57.5	85	97.5	100	100	100	100	100
	铁心故障/%	90	95	70	100	100	100	42.5	100
	绕组故障 1/%	92.5	100	95	100	100	100	100	100
通道 1	绕组故障 2/%	27.5	87.50	52.5	97.5	100	100	100	100
	绕组故障 3/%	52.5	25	70	100	100	100	100	100
	平均正判率/%	64	78.50	77	99.5	100	100	88.5	100

状态		电压/kV							
		3.5	7	10	15	20	25	30	35
通道2	正常状态/%	75	87.50	97.5	100	100	100	100	100
	铁心故障/%	82.5	90	97.5	100	100	100	100	100
	绕组故障1/%	92.5	100	100	100	100	100	100	100
	绕组故障2/%	50	32	60	100	97.5	100	100	100
	绕组故障3/%	55	72	70	100	100	100	100	100
	平均正判率/%	71	76.3	85	100	99.5	100	100	100
通道3	正常状态/%	60	90	92.5	92.5	100	100	100	100
	铁心故障/%	50	87.5	55	35	92.5	100	100	100
	绕组故障1/%	100	100	100	100	100	100	100	100
	绕组故障2/%	92.5	32	70	85	97.5	100	100	100
	绕组故障3/%	60	77.0	87.5	100	80	100	100	100
	平均正判率/%	72.5	77.30	81	82.5	94	100	100	100
通道4	正常状态/%	95	90	90	100	100	100	95	100
	铁心故障/%	50	100	100	100	100	100	32.5	100
	绕组故障1/%	100	100	100	100	100	100	100	100
	绕组故障2/%	97.5	60	67.5	100	100	100	100	100
	绕组故障3/%	75	77.50	65	97.5	100	100	100	100
	平均正判率/%	83.5	85.50	84.5	99.5	100	100	85.5	100
通道5	正常状态/%	52.5	95	95	100	100	100	100	100
	铁心故障/%	40	95	100.0	100.0	100.0	100.0	55.0	100
	绕组故障1/%	52.5	35	100	100	100	100	100	100
	绕组故障2/%	100	52.50	97.5	100	100	100	100	100
	绕组故障3/%	40	75	75	100	100	100	100	100
	平均正判率/%	57	70.50	93.5	100	100	100	91	100
通道6	正常状态/%	97.5	60	87.5	97.5	100	100	100	100
	铁心故障/%	67.5	100	100	100	100	98	48	100
	绕组故障1/%	97.5	100	100	100	100	100	100	100
	绕组故障2/%	92.5	92.50	80	100	100	100	100	100
	绕组故障3/%	25	30	95	100	100	100	100	100
	平均正判率/%	76	76.50	92.5	99.5	100	99.6	89.6	100

表 4-8　基于 KNN 和 RVM 方法的变压器故障诊断正判率

诊断方法	训练样本	测试样本	各状态的诊断正确率/%			平均准确率/%
			正常状态	铁心故障	绕组故障	
KNN	250	200	93.5	90.1	87	90.2
RVM	250	200	95	91	90.1	92

　　针对变压器绕组可能出现多种故障的诊断问题,本书采用 EEMD 应用于变压器振动信号分析,效果比 4.5.2 节所用方法更好,图 4-21 给出了两种特征提取方法在变压器绕组处于故障类型 3 时,对第 3 通道数据进行诊断的平均正判率随电压变化的对比图。但考虑到运行时间,在原型系统中未实现此方法。

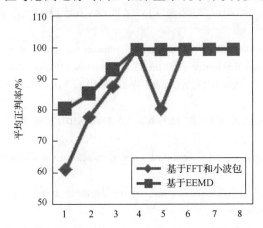

图 4-21　两种特征提取方法平均正判率随电压变化的对比图

　　综合考虑运行时间和故障诊断的正判率,采用基于 FFT 和小波包的特征提取方法和 KNN 分类诊断即可满足工程实际中的应用。

4.6　本 章 小 结

　　本章针对变压器振动信号的特点,提出两种信号特征提取方法:基于 FFT 和小波包的特征提取方法与基于 EEMD 的特征提取方法。并应用于多种分类诊断方法以验证其对变压器铁心和绕组状态进行诊断的可行性与准确性。

　　在提出的振动信号特征提取方法中,基于 FFT 和小波包的特征提取方法能自适应选择小波包分解层数,能兼顾特征信息提取过程的时间与精确度的平衡,区分变压器正常状态、铁心故障和绕组故障,诊断正判率在 90% 以上。基于 EEMD 的特征提取方法,比相关文献中其他的特征矢量提取方法能更好地区分变压器绕组故障中的轴向形变故障、径向形变故障与混合故障等故障工况,对绕组的细微形变识别能力更强,但算法耗时较长。

在基于振动信号的诊断方法中，Fisher 判别分析方法、KNN 方法和 RVM 方法，都能通过所提特征矢量得出相应的诊断结果。但综合考虑算法的复杂性和运行时间，KNN 方法最高效和实用。

参 考 文 献

[1] 王梦云. 2002～2003 年国家电网公司系统变压器类设备事故统计与分析(一)[J]. 电力设备, 2004, 5(10): 20-26.

[2] 王梦云. 2002～2003 年国家电网公司系统变压器类设备事故统计与分析(二)[J]. 电力设备, 2004, 5(11): 22-26.

[3] Bengtsson C. Status and trends in transformer monitoring[J]. IEEE Transaction on Power Delivery, 1996, 11(3): 1379-1384.

[4] 王钰, 李彦明, 张成良. 变压器绕组变形检测的 LVI 法和 FRA 法的比较研究[J]. 高电压技术, 1997, 23(1): 13-15.

[5] García B, Burgos J C, Alonso A M. Transformer tank vibration modeling as a method of detecting winding deformations-part Ⅰ: Theoretical foundation [J]. IEEE Transaction Power Delivery, 2006, 21(1): 157-163.

[6] 谢坡岸. 振动分析法在电力变压器绕组状态监测中的应用研究[D]. 上海: 上海交通大学博士学位论文, 2008: 32-34.

[7] 洪凯星. 基于振动法的大型电力变压器状态检测和故障诊断研究[D]. 杭州: 浙江大学硕士学位论文, 2010: 29-43.

[8] Mechefske C K. Correlating power transformer tank vibration characteristics to winding looseness[J]. Insight, 1995, 37(8): 599-604.

[9] 汲胜昌, 李彦明, 傅晨钊. 负载电流法在基于振动信号分析法监测变压器铁心状况中的应用[J]. 中国电机工程学报, 2003, 23(6): 154-158.

[10] Shengchang J, Yanming L, Chen zhao F. Application of on-load current method in monitoring the condition of transformers core based on the vibration analysis method[J]. Proceedings of the CSEE, 2003, 23(6): 154-158.

[11] 汲胜昌, 刘味果, 单平, 等. 小波包分析在振动法监测变压器铁心及绕组状况中的应用[J]. 中国电机工程学报, 2001, 21(12): 24-27.

[12] Shengchang J, Weiguo L, Ping S, et al. The application of the wavelet packet to the monitoring of the core and winding condition of transformer[J]. Proceedings of the CSEE, 2001, 21(12): 24-27.

[13] 汲胜昌. 变压器绕组与铁心振动特性及其在故障检测中的应用研究[D]. 西安: 西安交通大学, 2003.

[14] 熊卫华. 经验模态分解方法及其在变压器状态监测中的应用研究[D]. 杭州: 浙江大学博士学位论文, 2006.

[15] 马宏忠, 耿志慧, 陈楷, 等. 基于振动的电力变压器绕组变形故障诊断新方法[J]. 电力系统自动化, 2013, 37(8): 89-95.

[16] 董志刚. 变压器的噪声(2)[J]. 变压器, 1995, 32(11): 27-31.

[17] 王志敏, 顾文业, 顾晓安, 等. 大型电力变压器铁心电磁振动数学模型[J]. 变压器, 2004, 41(6): 1-5.

[18] Anderson D W, Myles M. Field of sound radiation by power transformers[J]. IEEE Transactions on Power Apparatus System, 1981, 100(7): 3513-3524.

[19] 汲胜昌, 何义, 李彦明, 等. 电力变压器空载状况下的振动特性研究[J]. 高电压技术, 2001, 27(5): 17-18.

[20] 汲胜昌, 程锦, 李彦明. 油浸式电力变压器绕组与铁心振动特性研究[J]. 西安交通大学学报, 2005, 39(6): 616-619.

[21] 邵宇鹰, 徐剑, 饶柱石, 等. 短路冲击下变压器绕组状态在线诊断[J]. 振动与冲击, 2011, 30(2): 173-176.

[22] 俞建育. 变压器短路冲击状态监测系统的应用[J]. 上海电力, 2005, 18(2): 200-202.

[23] 变压器制造技术丛书编审委员会. 变压器绕组制造工艺[M]. 北京: 机械工业出版社, 1999.

[24] 曾宪伟, 赵卫明, 盛菊琴. 小波包分解树结点与信号子空间频带的对应关系及其应用[J]. 地震学报, 2008, 30(1): 90-96.

[25] 花汉兵. 基于小波包的振动信号去噪应用与研究[J]. 噪声与振动控制, 2007, 6: 19-21.

[26] 曹建军, 张培林, 任国全, 等. 提升小波包最优基分解算法及在振动信号降噪中的应用[J]. 振动与冲击, 2008, 27(8): 114-116.

[27] 曹建军, 张培林, 张英堂, 等. 基于提升小波包变换的发动机缸盖振动信号特征提取[J]. 振动与冲击, 2008, 27(2): 34-37.

[28] 李莉, 朱永利, 宋亚奇. 变压器绕组多故障条件下的振动信号特征提取[J]. 电力自动化设备, 2014, 34(8): 140-146.

第5章　宽频带脉冲电流特征提取和放电类型识别

5.1　研究背景及意义

变压器绝缘局部放电是指由于电场分布不均匀，局部电场强度过高，导致绝缘介质中局部放电或者击穿的现象。这种现象可能产生于固体绝缘孔隙中、液体绝缘气泡中或者不同介质特性的绝缘层间。如果电场强度高于介质的特定值，则也可能发生在液体或者固体绝缘体中[1]。

变压器的绝缘故障大多是由局部放电发展起来的，局部放电检测被认为是电气设备重要和有效的绝缘状态诊断手段，在电气设备绝缘状态的诊断和评估中得到了大量的研究与应用，其检测可分为在线监测和停电检测[2]。检测手段主要包括脉冲电流法、超声波法和特高频法[3]。

局部放电的检测与分析是电力系统运行和维护部门最关心的问题之一，特高压变压器局部放电问题更为突出，随着近年来特高压电网的建设，局部放电相关研究得到极大的重视。通过对采集到的变压器放电信号进行特征提取，进而得出变压器放电类型，这对于帮助维护人员根据变压器结构最终判定绝缘放电位置有重要的指导作用。因此，本章主要围绕变压器局部放电信号的特征提取及放电模式识别展开研究。

5.2　国内外研究现状

5.2.1　脉冲电流法研究现状

常规脉冲电流法是研究最早、应用最广的一种检测方法，它通过耦合电容器和检测阻抗来检测电力设备内部由于局部放电引起的脉冲电流信号，获得视在放电量，是目前使用最广泛的变压器局部放电检测方法，并且有相关测量标准(IEC 60270)[4]为依据。其测量频带一般为脉冲电流信号的低频段部分，通常为数 kHz 至数百 kHz。目前，常规脉冲电流法广泛用于变压器型式试验、预防试验和交接试验、变压器局部放电实验研究等，其特点是测量灵敏度高，可以获得一些局部放电的基本量(如视在放电量、放电次数以及放电相位)等；其缺点是很难应用于在线监测、不适合电容量较大的被检测对象、测量频带窄(100~400kHz)、信息不够丰富[4]。

针对常规脉冲电流法的不足，近年来一般采用宽频带脉冲电流法(使用高频电流互感器(high frequency current transformer, HFCT)，一般为穿心式罗氏线圈)进行局部放电脉冲电流的检测[5]。一般检测频带为 1kHz～70MHz，其上限频率和频带宽度均远远超过现有标准规定的数值，频带宽的放电信号包含的放电信息量大，并有足够的精度重现脉冲波形[6]。穿心式 HFCT 易于在现场安装实现，使得宽频带脉冲电流检测法既适用于在线监测，又适用于带电检测。

5.2.2　局部放电脉冲电流特征提取的研究现状

为了从原始局部放电信号中获取反映放电特性的高价值信息，国内外学者针对局部放电信号的特征提取进行了大量研究，提出了很多有效方法。这些方法可以分为以下两大类。

(1)基于局部放电相位分布(phase resolved partial discharge，PRPD)模式统计谱图的特征提取方法。包括基于 φ-q、φ-n(φ 是放电所在相位，q 是视在放电量或放电幅值，n 是每秒内放电次数)二维谱图的统计参数[7, 8]，基于散点图的分形特征[9]，基于灰度图像的矩特征[10]、分形特征[11]，基于 φ-q-n 三维谱图的分形特征[12]、混沌特征[13]等。

放电次数 n、视在放电量 q 及放电所在相位 φ 是一个工频周期内局部放电的三个基本参数，构成了单个工频周期内的 PRPD 模式。局部放电具有较强的随机性，表现为基本参数的较强统计分散性，因此该类特征提取方法需要对多个工频周期的局部放电信号进行统计分析来突出其统计规律性。这样，在接下来的类型识别分类器的训练阶段中，由于单个周期的局部放电信号无法形成一个样本，需要持续采集一段时间内的大量局部放电信号进行统计分析才能形成多个训练样本用于分类器的学习训练，所以需要采集的局部放电信号量较多，同时需要获取工频电压的相位信息。但基于 PRPD 分析的特征提取方法原理简单，物理意义明确，采用脉冲电流法获取的 q、n 参数符合 IEC 60270 标准，具有可比性，也可以用于阈值预警和趋势分析，实用性很强，因此该类方法在实际工程和便携式局部放电分析仪中均应用广泛。

(2)针对单周期局部放电信号或单个局部放电脉冲的特征提取方法，如局部放电脉冲波形的时域特征[14]、时频联合分析特征[15]、等效时频特征[16]等。

该类方法与基于 PRPD 分析的统计方法不同，它们将单个周期的局部放电信号或者单个放电脉冲波形当作一个独立放电模式。当变压器内部存在多个局部放电源(2 个或以上)时，其获取的局部放电信号将是掺杂多种类型放电信号的随机混叠序列，基于 PRPD 分析方法产生的用于模式识别的各种放电谱图也是多种信号随机混叠的[16]，这种情况下基于 PRPD 分析的方法将失效，而基于单个脉冲波形的特征提取方法能够处理这种多局部放电源的情况，且该类方法所需采集的局部放电信号量较前者少，但对采集设备的要求较高，需要能够重现脉冲波形。该类方法的关键是应用不同的信号处理方法分析信号并从中提取出有用的特征信息，但所提取的特征信息大多和所采用的信号处理方法密切相关，并没有统一的标准。而且由于局部放电信号在变压器内部传输过程中衰减畸变严重，与实验室人工缺陷模型测取的放电波形差异较大，在采用实验室数据训练的分类模型难以正确区别现场放电，所以这种方法目前的现场应用效果欠佳，需要进一步研究以克服上述困难。

简而言之，上述两类特征提取方法的区别在于，前者是建立在局部放电的 φ、q、n 三个基本参数的统计基础上的，而后者试图从局部放电波形或脉冲的个体意义上挖掘特征。后者对信号采集设备的要求更高，且受噪声干扰影响更大，因此限制了它的应用场合。相比较而言，前者基于 PRPD 的统计类方法符合相关检测标准，且适用于多种检测手段，应用最为广泛，但对多局部放电源的情况无能为力。因此，两类特征提取方法均有必要研究。

5.2.3　局部放电类型识别的研究现状

分类算法的研究一直是局部放电类型识别研究领域的一个热点，众多研究者提出了各种不同类型、不同结构的算法。目前常用的分类算法均是具有智能特征的算法，其流程通常分为学习过程和应用过程，学习过程中利用实验室中不同局部放电类型的样本数据作为训练数据进行模型学习，通过调整算法中的参数建立数据特征与放电类型之间的映射关系。实际应用时以待识别的数据作为输入，对放电类型进行识别，输出放电类型。

目前应用最广泛的分类算法是神经网络算法。人工神经网络具有较高的容错性和鲁棒性，其知识获取能力极强，能够有效处理含噪声的数据，这在局部放电的类型识别中具有优势。最为广泛应用的神经网络是反向传播神经网络[17]。神经网络算法应用于局部放电类型识别有较长的历史，效果也较为明显，它在局部寻优时比较成功。但它也存在对初始权值和阈值的选取敏感；容易陷入局部极小点，致使学习过程失效；算法收敛速度慢，效率低；网络结构设置依赖于使用者的经验等缺点。针对神经网络的缺点，近年来一种新的机器学习算法——SVM[18]逐步应用到了局部放电的类型识别中。SVM 能够克服小样本、多维数、局部极小点等问题，是一种极具优势的模式识别算法。此外，KNN[19]、RVM[20]等方法也被应用在局部放电类型识别上并获得了良好效果。

总而言之，局部放电的类型识别越来越多地采用智能算法，在算法的精确性及适用性上均进行了诸多研究，该领域需要较为深厚的数学知识，是局部放电领域最具有活力的研究方向，但由于局部放电本身的复杂性和缺陷分类的不确定性以及实际有效样本的不足，目前还没有哪一种算法能够真正在现场检测中做到不需要人工介入就能进行放电类型的准确识别。

5.3　油纸绝缘放电试验

由于变压器结构复杂，信号从变压器内部传送到外部传感器时会衰减和变形，且变压器还可能存在多种程度不同且类型不同的放电叠加。此外，由于变压器故障率低，不易取得各种放电显著的变压器案例。基于上述原因，搜集现场实测放电信号来研究变压器的放电特征提取和类型识别是不现实的，因此本书采用实验室环境取得不同放电模型的放电信号，进而进行放电特征提取和类型识别方法的研究。

5.3.1　局部放电试验环境

作者与保定天威新域科技发展有限公司合作，在实验室环境下采用 4 种油纸绝缘局部放电模型来产生放电信号，分别是电晕放电、悬浮放电、板对板放电和多尖对板放电，试验现场如图 5-1 所示。4 种放电类型的放电模型如图 5-2 所示，图 5-2(a) 为在高压端附加一个金属突出物，用来产生电晕放电；图 5-2(b)～(d)是在圆柱容器内放入纯净的变压器油，容器顶部由金属引出作为电极连接处，油内放入不同的模型产生不同的放电。

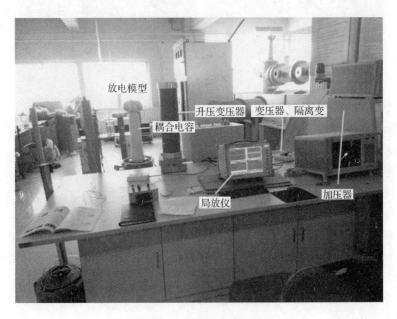

图 5-1　局部放电实验室装置

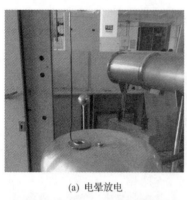 

(a) 电晕放电　　　　　　　　　　　(b) 悬浮放电

(c) 多尖对板放电　　　　　　　　　(d) 板对板放电

图 5-2　四种局部放电实验室模型

　　本试验所采用的实验模型接线图如图 5-3 所示。在试验中采用两种检测方式同时采集局部放电数据，第一种是符合 IEC 60270 标准的传统脉冲电流法，即阻抗法，但这种检测方式无法适用于在线监测；第二种是采用 HFCT(30k～30MHz)检测脉冲电流信号，接线方式如图 5-3 所示。在现场进行在线监测时，HFCT一般套在变压器铁心接地引出线、夹件接地线、变压器外壳接地线上检测脉冲电流信号，原理是利用变压器绕组与铁心之间的分布电容形成的耦合通路，如果变压器内部发生局部放电，放电高频信号通过此耦合通路经铁心接地线构成回路，卡在铁心接地线上的宽频带电流互感器即可接收到变压器内部的放电信号。两路信号都采用 TWPD-2F 局放仪接收数据，其采样频率为 5～80MHz。以每个工频周期记录到的放电数据为一个数据文件存储。高压试验平台型号为TWI5133-10/100am。

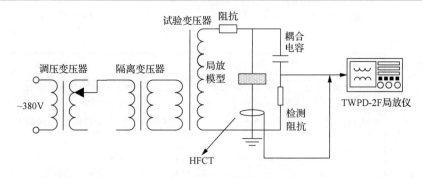

图 5-3　实验接线示意图

采集局部放电信号前要进行电量校准，本试验采用间接校准方法，首先将校准脉冲发生器的标准电量方波(在现场一般取放电量 500pC，在实验室用 50pC 作为标准放电量)直接注入检测回路，记录传感器的测量峰值；然后移去校准脉冲发生器，将传感器接入放电测量回路，此时测得的局部放电信号的峰值与校准时测得的放电峰值的比例系数乘以标准放电量，即可得到被测信号的放电量。

5.3.2　局部放电波形初步分析

本节分别对采用阻抗法和 HFCT 获取的不同放电模型的局部放电信号在时域和频域进行初步分析。

1. 不同放电类型的局部放电波形分析

本书分别采用阻抗法(带宽设置为40~300kHz)和 HFCT 进行局部放电信号测量，并对两种放电信号进行分析。图 5-4～图 5-7 分别是电晕放电、悬浮放电、板对板放电和多尖对板放电四种放电类型采用两种检测方法得到的时域波形及对应

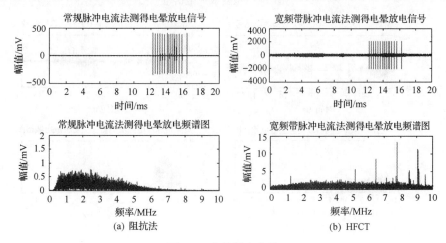

(a) 阻抗法　　　　　　　　　　(b) HFCT

图 5-4　电晕放电信号

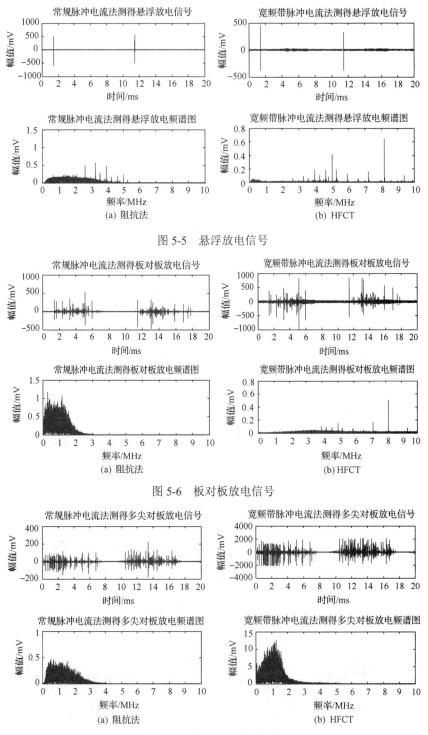

图 5-5 悬浮放电信号

图 5-6 板对板放电信号

图 5-7 多尖对板放电信号

的频谱图。可以看出，四种不同类型的放电信号的波形各有不同，且其相应的频谱也存在差异。HFCT 测得的放电信号要比阻抗法测得的放电信号有更宽的带宽，其对应的频谱也含有更丰富的信息。因此，可以根据不同类型的放电信号具有的不同特征对其采用多种特征提取方法提取放电特征。

2. 外加电压变化情况下的放电波形分析

由于变压器内部放电所处位置的不同，信号传输到检测回路的衰减程度差异较大，所以测得的放电量不能作为放电程度的重要表征参数。那么如何确定放电程度呢？本书以电晕放电模型为例，以施加在模型上的电压代表放电的严重程度[9]，分三种程度(较弱、一般、较强)观察放电现象。实验结果发现，随着放电模型外加电压等级的升高，放电脉冲越来越密集，说明放电现象随外加电压的升高而变得越来越严重。

选取三种不同电压等级下的电晕放电样本，施加的电压分别是 15.7kV、17.9kV 和 23.6kV。图 5-8 是施加三种不同等级电压产生的电晕放电的波形。由图 5-8 可知，施加电压越高，测得的放电脉冲越密集，根据施加不同电压下放电波形的差异可以将不同程度的放电波形进行分类。

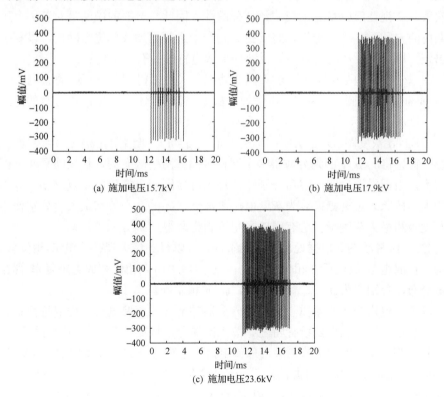

(a) 施加电压15.7kV

(b) 施加电压17.9kV

(c) 施加电压23.6kV

图 5-8　施加电压变化情况下的电晕放电波形

5.4　基于 PRPD 的局部放电信号统计特征提取

局部放电信号中蕴含了变压器绝缘状态和放电严重程度等重要信息，但是不加处理的局部放电信号不仅数据量巨大，而且比较复杂，难以直接应用于放电类型的识别。

在现有方法中，符合 IEC 60270 标准的 PRPD 分析方法较为成熟，且已广泛应用于实际工程和局放分析仪等产品中。该方法只需要统计放电次数 n、视在放电量 q 与放电所在相位 φ，物理意义明确，且不易受噪声影响，在其基础上可以进行放电趋势分析，绘制柱状图、散点图和灰度图等放电谱图以及放电类型模式识别等。

5.4.1　局部放电相位分布分析

放电次数 n(或放电重复率，以下均以 n 表示)、视在放电量 q(或放电幅值，以下均以 q 表示)及放电所在相位 φ 是一个工频周期内局部放电的三个基础参数，构成了单个工频周期内的 PRPD 模式。但局部放电具有较强的随机性，表现为放电次数 n 和视在放电量 q 的较强统计分散性，因此，一般的做法是对若干个工频周期内的 n 和 q 作统计处理，将其折算到一个工频周期或单位时间内，以利于显示出统计规律性，从而得到能够反映局部放电特性的有价值信息。

在基础参数的基础上，通过不同的处理方式可以得到以下不同的放电谱图。

(1) φ-q 散点图。将局部放电信号的放电相位和幅值对 (φ_i, q_i) 以打点的方式绘制在二维 φ-q 坐标系内，便可以得到 φ-q 散点图。

(2) φ-q 灰度图。φ-q 灰度图事实上是 φ-q-n 三维谱图在 φ-q 二维平面上的投影。首先将 φ-q 平面划分成很多个网格区间，网格区间的数目反映了灰度图的分辨率，根据需要设定。然后分别统计每个网格区间内的放电重复率 n，并将 n 值的大小按照一定规则换算为灰度值，通常是将 n 的最小值和最大值分别作为最小灰度级和最大灰度级。所有网格区间绘制完即得到 φ-q 灰度图。

(3) 二维柱状图。根据处理方法的不同，可以得到最大视在放电量-相位分布、平均视在放电量-放电所在相位、放电重复率-放电所在相位和放电重复率-视在放电量分布，分别记为 φ-$q_{\max}$、φ-q_{ave}、φ-n 和 q-n。

以上放电谱图通常难以直接作为分类器的输入，需要进一步提取特征量。常用特征包括二维柱状图的统计特征、散点图的分形特征、灰度图的矩特征等。

基于 PRPD 分析的多监测源局部放电信号串行处理的整体流程如图 5-9 所示，图 5-9 中 i 是局部放电信号源的序号；m 是绘制一个谱图所需的信号数量，为了能体现统计规律，m 一般取 50 及以上；k 是某监测源当前要绘制的谱图序号，某监测源所有信号处理完毕后才能开始处理下一个监测源的信号；j 是在绘制第 k 个谱图时对信号的计数，当前谱图绘制完毕后 j 会重新从 1 开始计数。

由图 5-9 可以将整个处理流程分为 φ-q-n 参数的提取、谱图绘制与谱图特征提取、放电类型识别三个子任务。

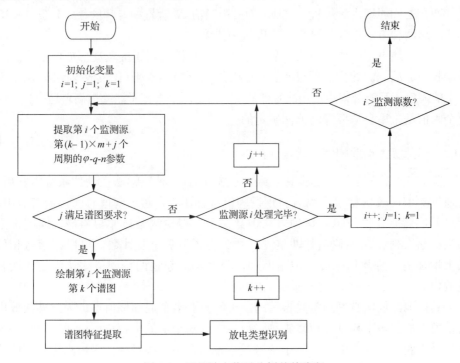

图 5-9　局部放电信号分析整体流程

5.4.2　基础放电参数提取

如果不考虑信号的采集、滤波以及降噪等预处理过程，基础参数的提取是 PRPD 分析方法的第一步，其提取结果会直接影响放电谱图的绘制，甚至影响谱图的特征值和放电类型识别结果。然而，通过查阅文献发现很少有这方面的详细报道，仅有少数文献在内容上比较相关，但均未详细阐述方法的实现细节[21-27]。其中，文献[21]借鉴了肌电图和心电图信号中的脉冲分割方法定义了能量与瞬时曲率，并结合这两种参量与预设阈值进行比较来确定每个脉冲的起点和宽度，从而将信号中的所有放电脉冲分割出来。文献[22]根据脉冲振荡特征提出一套逻辑判断规则来确定放电脉冲的起点和终点，其同样需要借助于预设阈值。文献[23]根据背景噪声和放电脉冲的统计特性差异提出一种时域能量法来提取脉冲边沿，其中差异采用阈值区分。文献[21]～文献[23]均通过寻找信号中脉冲的起始点来进行放电脉冲的提取，若两次脉冲的边沿非常邻近或恰好连续则容易误判，而且单纯通过人工经验来预设阈值使整个处理过程不具有自适应性。另外文献[24]和文献[25]中提及对局部放电信号进行相位开窗并取窗内最大幅值作为一次放电，但文中对该方法并未详细阐述，没有说明如何确定相位窗的尺寸值，使用固定的尺寸开窗难以适用于所有信号。文献[26]基于数学形态学梯度和峭度指标来定位放电脉冲在工频周期内的位置。文献[27]采用当前 N 阶累积量和阈值来建立 PRPD 模式，这两种方法都较为复杂，实现较为困难。

针对上述不足，本节介绍一种自适应双阈值法，用于提取局部放电信号的基础参数 φ、q、n。该方法通过垂直(代表放电幅值)和水平(代表放电间隔)两个方向上的阈值相互配合来确定一次有效放电。为了减少人工干涉并提高自适应性，这两个阈值是采用自适应双阈值法确定的。

5.4.3　局部极值点双阈值过滤法

除去 5.4.2 节所列举文献中提到的方法，还有一种鉴幅法在硬件系统中常用，其通过数值比较器将信号幅值和预设阈值进行比较，超过阈值时就认为有放电，超过几次就有几次放电。这种方法极其简单，但检测结果非常粗糙，阈值设定不当必然会对振荡的放电脉冲重复计数。为了避免重复计数，可以在信号相位轴上增加另一种阈值来度量放电间隔，只有同时超过两个阈值才认为是一次有效放电。

具体地，放电脉冲通常是振荡的，可能具有多个局部极值点，因此某次放电的幅值一般取多个局部极值点中绝对值最大的那个，放电相位可以通过该点在整个信号中的位置换算而来。基于该事实，本节介绍一种对局部极值点进行双阈值过滤的 φ - q - n 参数提取新方法。该方法的核心思想是通过设定两个阈值对整个信号中所有局部极值点进行双重过滤来寻找放电点，从而实现 φ - q - n 参数的提取。其中两个阈值简称为纵阈值和横阈值，分别从放电幅值和放电间隔上对点进行过滤。以下给出该方法的具体实施步骤。

(1)以一个周期为单位输入待分析的局部放电信号离散序列 P_d，设定纵阈值 T_1 和横阈值 T_2。其中 T_1 用来限定最小放电幅值，幅值太小的点不认为是一次有效放电，T_2 用来限定最小的放电间隔，认为间隔内的极值点同属于一个脉冲。它们的值一般根据信号特征由经验或反复实验确定，对于监测来源相同的信号可以采用相同的值。

(2)对 P_d 进行一趟扫描，全局检测局部极大值点和局部极小值点，并将这些极值点在原信号序列中的序号值按顺序分别保存在向量 I_{max} 和 I_{min} 中。其中，信号中某离散点 (x_i, y_i) 是否为局部极大值点，由式 (5-1) 确定：

$$\frac{\mathrm{d}\,y_{i-1}}{\mathrm{d}\,x_{i-1}} > 0, \; \frac{\mathrm{d}\,y_{i+1}}{\mathrm{d}\,x_{i+1}} < 0 \tag{5-1}$$

式中，$\mathrm{d}y_{i\pm1}/\mathrm{d}x_{i\pm1}$ 为点 (x_i, y_i) 前后的微分系数。

考虑到在信号中点的序号值 x_i 是离散量，无法进行微分运算，此处用差分运算代替微分描述局部极大值点：

$$\frac{y_i - y_{i-1}}{x_i - x_{i-1}} > 0, \ \frac{y_{i+1} - y_i}{x_{i+1} - x_i} < 0 \tag{5-2}$$

已知 $x_i-x_{i-1}>0$，$x_{i+1}-x_i>0$，式(5-2)可以简化为

$$y_i - y_{i-1} > 0, \ y_{i+1} - y_i < 0 \tag{5-3}$$

同理可以推导局部极小值点的判别公式，不再赘述。

(3)将 $\boldsymbol{I}_{\max}$ 和 $\boldsymbol{I}_{\min}$ 中指示的极值点幅值的绝对值依次与预设的纵阈值 T_1 进行比较，剔除绝对值小于 T_1 的极值点，得到更新后的 $\boldsymbol{I}_{\max}$ 和 $\boldsymbol{I}_{\min}$。

(4)将 $\boldsymbol{I}_{\max}$ 和 $\boldsymbol{I}_{\min}$ 中的序号值按升序合成新向量 $\boldsymbol{I}_m$。

(5)计算 $\boldsymbol{I}_m$ 中所指示的相邻极值点之间的距离，将结果保存在向量 $\boldsymbol{D}_{\mathrm{iff}}$ 中，计算方法如式(5-4)所示：

$$d(i) = \begin{cases} x(i) - 0, \ i = 0 \\ x(i) - x(i-1), \ i > 0 \end{cases} \tag{5-4}$$

式中，$d(i)$ 为向量 $\boldsymbol{D}_{\mathrm{iff}}$ 中的第 i 个值，i 从 0 开始计数；$x(i)$ 为向量 $\boldsymbol{I}_m$ 中的第 i 个值，i 从 0 开始计数。

(6)将向量 $\boldsymbol{D}_{\mathrm{iff}}$ 中的距离值依次与横阈值 T_2 进行比较。

当距离值 $d(i) < T_2$ 时，说明当前极值点 $x(i)$ 和上一个极值点 $x(i-1)$ 是属于同一个脉冲的，这时对绝对值大的极值点作个标记。

当发现 $d(i) \geqslant T_2$ 时，就说明 $x(i)$ 和 $x(i-1)$ 分属于两个放电脉冲，此时立即根据作了标记的极值点确定上一个放电脉冲的幅值和相位，分别保存在向量 $\boldsymbol{Q}_{\mathrm{pd}}$ 和向量 $\boldsymbol{\Phi}_{\mathrm{pd}}$ 中并累计放电次数 N_{pd}。

(7)输出当前所分析的局部放电信号的基础参数——总放电次数 N_{pd}、各次放电的幅值 $\boldsymbol{Q}_{\mathrm{pd}}$ 和对应的放电相位 $\boldsymbol{\Phi}_{\mathrm{pd}}$，$N_{\mathrm{pd}}$ 和向量 $\boldsymbol{Q}_{\mathrm{pd}}$、$\boldsymbol{\Phi}_{\mathrm{pd}}$ 的长度一致。

图5-10是应用本书所提方法对某个周期的典型局部放电信号进行放电脉冲提取的结果，其中 x 代表横坐标，y 代表纵坐标，两个阈值 T_1 和 T_2 分别为 6pC 和 100 点距。图5-10(a)中三角标出的点是放电脉冲的最值点，图5-10(b)和图5-10(c)分别是图5-10(a)中两段放电脉冲的细节放大图。从图5-10(b)中可以看出，由于纵阈值 T_1 的限制，左侧纵坐标为–5.275pC(绝对值小于6pC)的脉冲极值点会在步骤(3)中被过滤掉。图5-10(c)是一段典型的具有振荡特征的放电脉冲，其中用虚线框标出的实心点是在步骤(3)中经过纵阈值 T_1 过滤一遍后留下的局部极值点，

数目仍然很多。这时再通过步骤(6)中横阈值 T_2 过滤后就能定位到三角标出的点，从图 5-10(c)可以直观看出所提方法的检测结果完全正确。

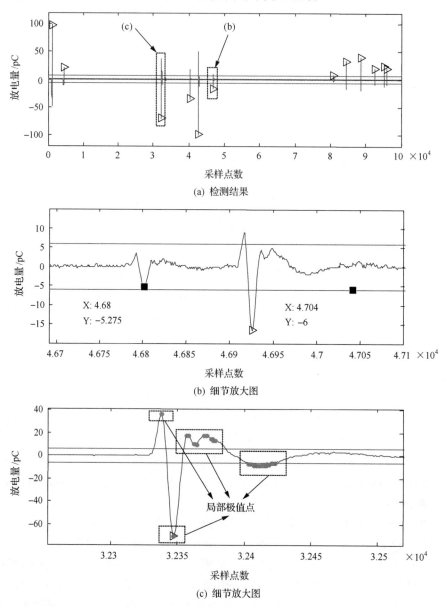

图 5-10　局部放电信号基础参数提取结果

5.4.4　自适应阈值选取方案

由 5.4.3 节的方法实施步骤和图 5-10 的示例不难看出，纵阈值 T_1 和横阈值 T_2

的选取至关重要，直接影响到检测结果。但跟其他文献中的其他方法一样，T_1 和 T_2 的值通常都是根据经验手动设定。虽然对于同一个监测源的信号可以采用同一套阈值，并且通过人工手动设定阈值可以得到更准确的检测结果。然而，若监测源太多必然会使人工工作量巨大，且难以实现局部放电信号的自动化处理。因此，如何自适应确定这两个阈值是个值得关注的问题。

阈值在局部放电信号去噪问题中比较常用，但与本书所述两种阈值的含义和用途有很大区别，因此难以借鉴去噪问题中已有的自适应阈值选取方案[28]，需要从其他角度考虑。

从 5.4.3 节中的方法实施步骤中可以看出，阈值的作用是将一组信号中的点分为两类。以纵阈值为例，由图 5-10 可以看出，设定该阈值的目的是将信号中的点按其纵坐标绝对值大小分割成两个类群，即可能属于放电脉冲的点(第一类点)和不属于放电脉冲的点(第二类点)。进一步由图 5-10(a)能直观看到，第一类点数目较少且它们的纵坐标绝对值的范围很分散，跨度从 6 到 100，而第二类点数目很多且纵坐标值都集中在 0 值附近。统计学中的方差可以度量一组数据的离散程度，方差越大，离散程度越大。若使用某个阈值 T 分割原始数据得到两个类群且这两个类群的类间方差最大，那么此时它们的差异最大，可以认为该阈值 T 是最优分割阈值[29]。以下详细阐述该方法的理论基础。

假设存在某长度为 N 的一组离散值 $\{x_i | i = 1, 2, \cdots, N\}$，其中最大值和最小值分别为 $x_{\max}$ 和 $x_{\min}$，首先需要对上述离散值进行灰度转换。令

$$d_x = \frac{x_{\max} - x_{\min}}{L} \tag{5-5}$$

式中，L 为灰度级总个数；d_x 为单位灰度区间。

其次，统计每个离散值落在相应灰度区间内的个数，其中灰度值为 l 的灰度区间按式(5-6)换算：

$$\left[(l-1) \cdot d_x, l \cdot d_x \right] \tag{5-6}$$

式中，l 为灰度值，即第 l 级灰度。

假设位于灰度区间 $\left[(l-1) \cdot d_x, l \cdot d_x \right]$ 内的离散值个数为 n_l，则 n_l 称为灰度值 l 的像素数，所以总像素数应与离散值总数相等，即

$$N = \sum_{l=1}^{L} n_l, \ l = 1, 2, \cdots, L \tag{5-7}$$

式中，n_l 为灰度值为 l 的像素数；N 为离散值总数目，总像素数。

则灰度值为 l 出现的概率记为 p_l ，由式 (5-8) 所得

$$p_l = \frac{n_l}{N} \tag{5-8}$$

先假设阈值为 kd_x ，k 为单位灰度区间 d_x 的系数，并应用该阈值将 $\{x_i | i = 1, 2, \cdots, N\}$ 分割成两个类群 C_0 和 C_1 ，则 C_0 代表 $[0, kd_x]$ 范围内的离散值，而 C_1 代表 $[(k+1) \cdot d_x, L \cdot d_x]$ 范围内的离散值。则两个类群分别出现的概率以及各自的平均灰度分别为

$$\omega_0 = P(C_0) = \sum_{l=1}^{k} p_l = \omega(k) \tag{5-9}$$

$$\omega_1 = P(C_1) = \sum_{l=k+1}^{L} p_l = 1 - \omega(k) \tag{5-10}$$

$$\mu_0 = \sum_{l=1}^{k} l \cdot P(l|C_0) = \sum_{l=1}^{k} l \frac{p_l}{\omega_0} = \frac{\mu(k)}{\omega(k)} \tag{5-11}$$

$$\mu_1 = \sum_{l=k+1}^{L} l \cdot P(l|C_1) = \sum_{l=k+1}^{L} l \frac{p_l}{\omega_1} = \frac{\mu - \mu(k)}{1 - \omega(k)} \tag{5-12}$$

式中，ω_0 为类群 C_0 出现的概率；ω_1 为类群 C_1 出现的概率；μ_0 为类群 C_0 的平均灰度；μ_1 为类群 C_1 的平均灰度。

对于任意 k 值，很容易验证式 (5-13) 和式 (5-14)：

$$\mu = \sum_{l=1}^{L} l p_l = \mu_0 \omega_0 + \mu_1 \omega_1 \tag{5-13}$$

$$\omega_0 + \omega_1 = 1 \tag{5-14}$$

两个类群的灰度方差分别为

$$\sigma_0^2 = \sum_{l=1}^{k} (l - \mu_0)^2 P(l|C_0) = \sum_{l=1}^{k} \frac{(l - \mu_0)^2 p_l}{\omega_0} \tag{5-15}$$

$$\sigma_1^2 = \sum_{l=k+1}^{L} (l - \mu_1)^2 P(l|C_1) = \sum_{l=k+1}^{L} \frac{(l - \mu_1)^2 p_l}{\omega_1} \tag{5-16}$$

式中，σ_0^2 为类群 C_0 的灰度方差；σ_1^2 为类群 C_1 的灰度方差。

为了评估所选阈值的质量，引进判别分析中常用来度量类群分离性的判别准则，如式(5-17)所示：

$$\lambda = \frac{\sigma_B^2}{\sigma_W^2}, \quad \kappa = \frac{\sigma_T^2}{\sigma_W^2}, \quad \eta = \frac{\sigma_B^2}{\sigma_T^2} \tag{5-17}$$

$$\sigma_W^2 = \omega_0 \sigma_0^2 + \omega_1 \sigma_1^2 \tag{5-18}$$

$$\sigma_B^2 = \omega_0 (\mu_0 - \mu)^2 + \omega_1 (\mu_1 - \mu)^2$$
$$= \omega_0 \omega_1 (\mu_0 - \mu_1) \tag{5-19}$$

$$\sigma_T^2 = \sum_{l=1}^{L} (l - \mu)^2 p_l \tag{5-20}$$

式中，σ_B^2 为类间(between-class)方差；σ_W^2 为类内(within-class)方差；σ_T^2 为总(total)方差。

现在的问题转化成一个优化问题，目的是找到一个 k 值使式(5-17)中任何一个准则量取最大值。观察式(5-18)～式(5-20)可以发现，σ_B^2 和 σ_W^2 均是关于的 k 函数，而 σ_T^2 是与 k 值无关的。还可以发现，σ_W^2 是基于二阶统计量即方差的，而 σ_B^2 仅是基于一阶统计量即均值的，比较式(5-17)中的三种准则量可以得出 η 是其中关于 k 最简单的函数，因此选用 η 来评估阈值的质量。由于 σ_T^2 与 k 值无关，最大化 η 等同于最大化 σ_B^2。将式(5-9)～式(5-12)代入式(5-19)并化简可以得到式(5-21)：

$$\sigma_B^2(k) = \frac{(\mu\omega(k) - \mu(k))^2}{\omega(k)(1 - \omega(k))} \tag{5-21}$$

则最优阈值为 $k^* d_x$，使

$$\sigma_B^2(k^*) = \max_{1 \leqslant k < L} \sigma_B^2(k) \tag{5-22}$$

根据上述理论，进一步梳理该阈值选取方案的实现步骤如下。

(1)输入一组离散值，用向量 $\boldsymbol{X}$ 表示，确定总灰度级 L。

(2)将 $\boldsymbol{X}$ 进行灰度转换，得到向量 $\boldsymbol{G}$。

(3) k 取遍 $1, 2, \cdots, L$ 所有值，依次计算在阈值 kd_x 下的类间方差 σ_B^2，将结果保存在向量 $\boldsymbol{B}$ 中。

(4)寻找 $\boldsymbol{B}$ 中的最大值，与其对应的 kd_x 即所求的阈值。

5.4.5　阈值方案的优化

上述阈值选取方案称为最大类间方差法，是图像处理中一种经典的分割阈值选取方法，文献[30]通过对该方法的阈值性质分析发现，当两个类群的方差差别较大时，该方法得到的分割阈值会偏向方差大的那个类群。因此文献[30]中提出对第一次分割得到的方差小的类群再次进行最大类间方差法来改善整体分割效果。

图 5-11 是一个典型的局部放电信号，图 5-12 是该信号幅值的灰度直方图，从图 5-12 中可以看出，信号的幅值极大部分分布在低灰度级，而高灰度级则分布得很散，由此可见，局部放电信号的幅值分布正符合上述两个类群方差差异较大的情况。因此，采用文献[30]中所提的方法来进一步优化所选的阈值。

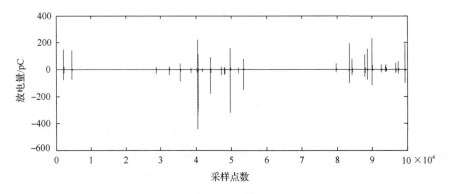

图 5-11　局部放电典型信号

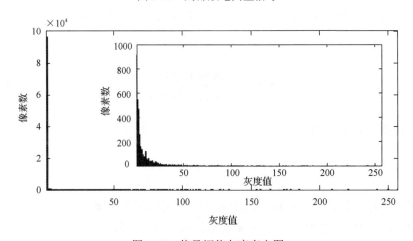

图 5-12　信号幅值灰度直方图

5.4.6　基础参数自适应提取流程

5.4.4 节和 5.4.5 节所提自适应双阈值法能够实现放电参数的自适应提取，其实施步骤是在 5.4.3 节中所述的局部极值点双阈值过滤法步骤中添加了两个阈值选取步骤，在整个流程中以子函数形式调用，单个周期局部放电信号的自适应参数提取流程如图 5-13 所示。

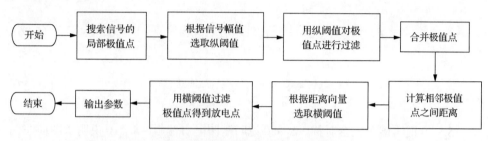

图 5-13　放电参数自适应提取流程

考虑到信号幅值在不同极性上的分布存在差异，因此对正负幅值分别确定不同的纵阈值。横阈值的选取依据是经纵阈值过滤后的极值点的距离向量。

5.4.7　谱图绘制与谱图特征提取

基于二维柱状谱图的统计特征具有明确的物理意义，在局部放电类型识别中的应用比其他谱图及其特征更广泛，因此本节选择绘制二维柱状谱图并提取统计特征量，形成放电样本。二维柱状谱图的具体绘制方法如下。

(1) φ-q、φ-n 柱状图。首先将一个工频周期 360° 相位等分为 M_1 份，每份称为一个相窗。然后对 M_2 个工频周期的局部放电信号进行基础参数提取，依次统计每个相窗内的最大放电量 $q_{\max}$ 和平均放电量 q_{ave}。最后以相位 φ 作为横轴、放电量 q 作为纵轴将统计结果绘制成柱状图即可。φ-n 柱状图同理。

(2) q-n 柱状图。首先将放电量从最小值到最大值等分成 M_3 份，每份称为量窗。然后统计 M_2 个工频周期中放电量分布在各个量窗内的放电次数并折算成放电频率。最后以放电量 q 作为横轴、放电频率 n 作为纵轴将统计结果绘制成柱状图即可。

统计特征量是从概率统计角度描述局部放电分布特征的,必须将二维柱状谱图看成随机变量分布图，则谱图的横轴量 x_i 对应于随机变量，纵轴量 y_i 对应于随机变量的取值。则相窗(量窗) i 内的随机变量 x_i 出现的概率 p_i、均值 μ 和标准差 σ 分别为

$$p_i = y_i \bigg/ \sum_{i=1}^{W} y_i \tag{5-23}$$

$$\mu = \sum_{i=1}^{W} p_i x_i \tag{5-24}$$

$$\sigma = \sqrt{\sum_{i=1}^{W} p_i \left(x_i - \mu \right)^2} \tag{5-25}$$

式中，W 为相窗(量窗)的数目。

在上述参量基础上可以提取偏斜度 S_k 和陡峭度 K_u 两个特征量，用来表述谱图形状相对于正态分布图形的差异程度，分别如式(5-26)和式(5-27)所示：

$$S_k = \sum_{i=1}^{W} p_i (x_i - \mu)^3 \bigg/ \sigma^3 \tag{5-26}$$

$$K_u = \sum_{i=1}^{W} p_i (x_i - \mu)^4 \bigg/ \sigma^4 - 3 \tag{5-27}$$

$S_k = 0$ 说明谱图完全对称，$S_k < 0$ 说明谱图向右偏斜，$S_k > 0$ 说明谱图向左偏斜。$K_u = 0$ 说明谱图陡峭程度与正态分布一样，$K_u < 0$ 说明谱图比正态分布尖锐，$K_u > 0$ 说明谱图比正态分布平坦。

还可以提取谱图的局部峰点数 P_e 作为特征量，局部峰点的定义与式(5-1)～式(5-3)所述的局部极大值点相同，不再赘述。

当谱图为 φ-q、φ-n 柱状图时，通常将相位轴从 $180°$ 处平均分为正负两个半周期，S_k、K_u 和 P_e 均需要对正负半周期分开提取，而对于 q-n 柱状图，不存在正负半周期，按整体提取。

局部放电现象是发生在电极之间的，其幅值和相位的分布都与电极密切相关，当电极对称时，在正负半周期内的放电具有相似的特性。因此对于 φ-q、φ-n 柱状图还可以提取反映正负半周期谱图差异的特征量，有互相关系数 C_c、放电量因数 Q_f 和相位不对称度 Φ。

C_c 能表征谱图在正负半周内的形状的相似性，$C_c \to 1$，表示正负半周期很相似；$C_c \to 0$，表示正负半周期差别较大，计算如式(5-28)所示：

$$C_c = \frac{\sum\limits_{i=1}^{W} y_i^+ y_i^- - \left(\sum\limits_{i=1}^{W} y_i^+ \sum\limits_{i=1}^{W} y_i^- \right) \bigg/ W}{\sqrt{\left(\sum\limits_{i=1}^{W} (y_i^+)^2 - \left(\sum\limits_{i=1}^{W} y_i^+ \right)^2 \bigg/ W \right) \left(\sum\limits_{i=1}^{W} (y_i^-)^2 - \left(\sum\limits_{i=1}^{W} y_i^- \right)^2 \bigg/ W \right)}} \tag{5-28}$$

Q_f 则体现了正负半周期内平均放电量的不同，如式(5-29)所示：

$$Q_f = \frac{\sum\limits_{i=1}^{W} n_i^- q_i^- \bigg/ \sum\limits_{i=1}^{W} n_i^-}{\sum\limits_{i=1}^{W} n_i^+ q_i^+ \bigg/ \sum\limits_{i=1}^{W} n_i^+} \tag{5-29}$$

式中，n_i^{+-} 为正负半周期第 i 个相窗内的放电次数；q_i^{+-} 为正负半周期第 i 个相窗内的平均放电量。

$\varPhi$ 用于评价正负半周期内的起始放电相位的不同，如式 (5-30) 所示：

$$\varPhi = \left(\phi_0^+ + 180\right)\Big/\phi_0^- \tag{5-30}$$

式中，ϕ_0 为正负半周期的起始放电相位 $(°)$。

绘制的谱图及所提取的统计特征量如表 5-1 所示，一共有 26 个特征量。其中 Q_f 和 $\varPhi$ 对于一组谱图分别只有一个值，是由其定义决定的。而 $q\text{-}n$ 柱状图的横轴是放电量，不分正负半周期，因此不提取 C_c、Q_f 和 $\varPhi$。另外，由于特征量具有不同的物理意义，在输入分类器之前一般需要进行归一化处理，如式 (5-31) 所示：

$$b_i = \frac{a_i - a_{\min}}{a_{\max} - a_{\min}} \tag{5-31}$$

式中，a_i 为归一化之前的数值；$a_{\min}$、$a_{\max}$ 为某特征量的最小值和最大值；b_i 为归一化之后的数值。

表 5-1　谱图及其统计特征量

统计特征量	$\varphi\text{-}q_{\max}$		$\varphi\text{-}q_{\mathrm{ave}}$		$\varphi\text{-}n$		$q\text{-}n$
	+	−	+	−	+	−	
S_k	S_{k_1}	S_{k_2}	S_{k_3}	S_{k_4}	S_{k_5}	S_{k_6}	S_{k_7}
K_u	K_{u_1}	K_{u_2}	K_{u_3}	K_{u_4}	K_{u_5}	K_{u_6}	K_{u_7}
P_e	P_{e_1}	P_{e_2}	P_{e_3}	P_{e_4}	P_{e_5}	P_{e_6}	P_{e_7}
C_c	C_{c_1}		C_{c_2}		C_{c_3}		—
Q_f			Q_f				—
$\varPhi$			$\varPhi$				—

5.5　基于变分模态分解和多尺度熵的局部放电信号特征提取与类型识别

局部放电信号是快速变化的非平稳信号，其特征量的提取是放电模式识别的关键步骤，即对放电信号所包含的信息进行深入挖掘，从中提取能够有效区分不同放电类型的特征信息，从而提高故障诊断的准确性。但是，如 5.2.2 节所述，目前常用的放电信号特征提取方法在实际应用中都存在一定的不足。

熵是一种度量时间序列复杂性的方法。最初，Pincus[31]提出了近似熵（approximate entropy，ApEn），之后 Richman 等[32]提出了样本熵（sample entropy，SpEn）。ApEn 是一种度量序列复杂性和统计量化的方法，但该算法比较的是数据和其自身，即包含自匹配，由于熵是新信息产生率的测度，所以比较数据和其自身毫无意义[33]。SpEn 是较 ApEn 改进的复杂度测试方法，具有稳定估计值所需的数据短、抗噪声和干扰能力强、在参数大取值范围内一致性好等特点，但其是衡量时间序列在单尺度上的复杂性，不足以刻画局部放电信号表征出的多尺度复杂特性[33]。针对 ApEn 和 SpEn 算法中存在的不足，Costa 等提出了多尺度熵（multiscale entropy，MSE）分析方法，即在不同尺度上提取时间序列的 SpEn，既可以从整体上度量信号的复杂性，又可以从不同尺度上挖掘深层次的细节特征，从定性和定量两个角度有效识别不同类型的信号[34]，与 SpEn 和 ApEn 相比具有明显优势。目前以 MSE 作为特征量已经广泛应用到机械故障诊断及生理信号识别等领域：文献[34]将 MSE 引入机械设备故障诊断领域，充分利用了其对机械振动信号多尺度复杂性的刻画能力；文献[35]提出了一种基于局部均值分解（local mean decomposition，LMD）的 MSE 的特征量描述形式，以改进 LMD 方法对各状态振动信号进行的分解，利用 MSE 对各乘积函数（product fuction，PF）分量进行定量描述，得到了可分性良好的特征向量；文献[36]提出基于 EMD 的 MSE 的脑电信号瞬态特征提取及定量描述方法，并且取得了较好的分类效果。

由于局部放电随机性较大，且放电信号含有噪声，若仅采用 MSE 对其进行处理会影响特征量的准确性，同时为了解决 EMD 和 LMD 的抗扰性差和模态混叠等缺陷，本书结合 MSE 和 VMD 的优势，针对局部放电信号非线性、非平稳的特点，提出一种基于 VMD 的 MSE 特征向量的瞬态特征提取及定量描述方法（VMD-MSE）。应用 VMD 方法对信号进行分解得到模态分量，通过 MSE 方法对得到的分解模态进行定量描述，形成特征向量，然后利用主成分分析（principle component analysis，PCA）法对得到的特征向量进行降维处理，将其作为局部放电信号特征向量，利用分类器实现对不同放电类型的识别。

5.5.1　MSE 理论

MSE 是基于 SpEn 的一种时间序列复杂性的度量方法，用来反映时间序列在不同尺度下的相似性和复杂程度[37]，比 SpEn 包含了更丰富的信息。假设原始数据为 $X=\{x_1, x_2, \cdots, x_N\}$，则 MSE 的具体计算步骤如下[38]。

1）参数初始化

给定嵌入维数 m，相似容限 r 及尺度因子 $\boldsymbol{\tau}=[1, 2, \cdots, \tau_{\max}]$，其中 m 和 $\boldsymbol{\tau}$ 中的分量均为正整数。

2) 粗粒化 (coarse graining) 处理

将原始数据根据式 (5-32) 进行粗粒化处理:

$$y_j(\tau) = \frac{1}{\tau} \sum_{i=(j-1)\tau+1}^{j\tau} x_i, \quad 1 \leqslant j \leqslant N/\tau \tag{5-32}$$

3) 计算粗粒化向量序列的 SpEn

(1) 给定模式维数 m, 由原始序列组成 m 维数矢量:

$$\boldsymbol{Y}(i) = [y_i(\tau), y_{i+1}(\tau), \cdots, y_{i+m-1}(\tau)], \quad 1 \leqslant i \leqslant N-m \tag{5-33}$$

(2) 定义 $\boldsymbol{Y}(i)$ 和 $\boldsymbol{Y}(j)$ 之间的距离:

$$d(i,j) = \max_{k=0,1,\cdots,m-1} \left| y_{i+k}(\tau) - y_{j+k}(\tau) \right| \tag{5-34}$$

式中, $1 \leqslant j \leqslant N-m$, $j \neq i$。

(3) 根据给定的相似容限 r, 统计满足 $d(i,j) < r$ 的 i 值的数目 (称为模板统计数), 计算此数目与距离总数 $N-m+1$ 的比值, 记作 $B_i^m(r)$, 其平均值记作 $B^m(r)$:

$$B_i^m(r) = \frac{(d(i,j) < r)}{N-m+1} \tag{5-35}$$

$$B_m(r) = \frac{1}{N-m} \sum_{i=1}^{N-m} B_i^m(r) \tag{5-36}$$

(4) $m \leftarrow m+1$, 重复步骤 1)~步骤 3), 得到 $B^{m+1}(r)$。

(5) 理论上, 此序列的 SpEn 为

$$\mathrm{SpEn}(m,r) = \lim_{N \to \infty} \left(-\ln \frac{B^{m+1}(r)}{B^m(r)} \right) \tag{5-37}$$

当 N 取有限值时, 取 SpEn 估计值为

$$\mathrm{SpEn}(m,r,N) = -\ln \frac{B^{m+1}(r)}{B^m(r)} \tag{5-38}$$

利用式(5-33)～式(5-38)计算每一个尺度序列的 SpEn，即可得到 MSE：

$$\text{MSE}(X) = \text{SpEn}(y(\tau), m, r) \tag{5-39}$$

显然，MSE 与尺度因子 τ、嵌入维数 m 和相似容限 r 这三个参数有关，本书选取 $m=2$，$r=0.1\delta$，其中 δ 为原始序列的标准差。

5.5.2 基于 VMD-MSE 特征提取

基于局部放电信号非线性、非平稳的特点，本书提出了一种基于 VMD-MSE 的局部放电信号特征提取及定量描述方案：将局部放电信号经 VMD 得到多个有限带宽的固有模态函数(band-limited intrinsic mode functions，BLIMFs)，对每个分解得到的固有模态计算其 MSE，实现局部放电信号特征的定量描述。该方法既充分发挥了 VMD 维纳滤波的特性，又刻画了信号局部特性，以一种全新的视角来表征信号的特征，算法流程图如图 5-14 所示。

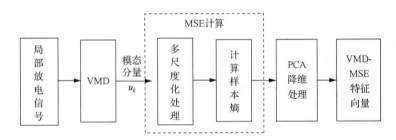

图 5-14 基于 VMD 的 MSE 特征向量提取流程图

假设输入信号为 $\boldsymbol{X}=\{x_1, x_2, \cdots, x_N\}$，其中，$N$ 是信号的长度，基于 VMD-MSE 特征提取方法的具体实现步骤如下。

(1)利用 VMD 方法对待处理的局部放电信号进行分解，得到一系列的固有模态分量 u_k 及其对应的中心频率 ω_k。

(2)计算由 VMD 得到的每层固有模态分量 u_k 的 MSE，将每个样本信号分解得到每个固有模态分量 u_k 的 MSE_{u_k} 进行组合，构成该输入信号在尺度因子为 $\boldsymbol{\tau}=[1, 2, \cdots, \tau_{\max}]$ 下的特征向量：

$$\boldsymbol{s} = \{\text{MSE}_{u_1}, \text{MSE}_{u_2}, \cdots, \text{MSE}_{u_K}\} \tag{5-40}$$

式中，MSE_{u_k} 为样本信号经 VMD 得到的模态分量 u_k 的 MSE，每个模态的 MSE_{u_k} 是由该模态分量在不同尺度下的 SpEn 构成的；K 为信号经 VMD 得到的模态个数，每个模态的 MSE 维数是 $\text{length}(\text{MSE}_{u_i}) = \tau_{\max}$。

(3)为了突出有用信息特征,防止维数灾难,采用 PCA 对步骤(2)得到的特征
向量进行有效降维处理。

5.5.3　局部放电实验数据分析

1. 基于 VMD-MSE 的特征提取

对电晕放电、悬浮放电、板对板放电和多尖对板放电四种放电类型的 200
组放电样本(每种类型各取 50 组样本数据)采用基于 VMD-MSE 的方法进行特征
向量的提取。每种放电模型不同,放电的起始电压也不同,因此各放电类型的实
验电压并没有可比性,在后续处理中需要进行归一化。

本节选用通过观察中心频率的方法确定 VMD 算法的分解模态数(同样可以
选用基于双阈值筛选法确定 VMD 算法的分解模态数,具体实现过程见 2.5.3 节),
表 5-2 为选取电晕放电某个样本对应不同 K 值下的中心频率,从第四层开始的两
个及以后模态中心频率之间的差≤1kHz,本书判定出现了中心频率相近的模态,
认为出现过分解,因此分解层数选为三层,计算 MSE 时 $\tau = 20$。对得到的特征向
量采用 PCA 进行降维处理,经验证,不同放电类型前 20 个特征值的贡献率约为
90%,因此,本书进行 PCA 降维时,特征向量的维数选为 20 个。

表 5-2　不同 K 值下对应的中心频率

K	中心频率/kHz			
2	0.0014	6.1603		
3	0.0011	5.5661	6.8100	
4	0.0010	5.0121	5.9975	7.0093
5	0.0009	4.6952	5.5908	6.4006	7.2219

分别用 VMD 和 EMD 对四种放电信号进行分解,并计算分解得到模态的
MSE,每种放电类型均有 50 组数据,对每层分解模态的 MSE 取均值,则其不
同放电类型的 MSE 如图 5-15 所示,图 5-15 中横坐标表示不同尺度因子,纵坐
标表示 SpEn 值,每条曲线为样本信号不同模态分量的 MSE,曲线上标注的圆
圈是在与相应横坐标对应的时间尺度下的 SpEn 值。由图 5-15(a)可知,对于不
同类型的放电信号,基于 VMD-MSE 方法提取得到的特征向量都存在一定的差
异,可以将其作为区分放电类型的依据。并且经 VMD 得到的三个模态的 MSE
可以区分,但是经 EMD 得到的三个模态的 MSE(图 5-15(b))差别很小,难以
区分。

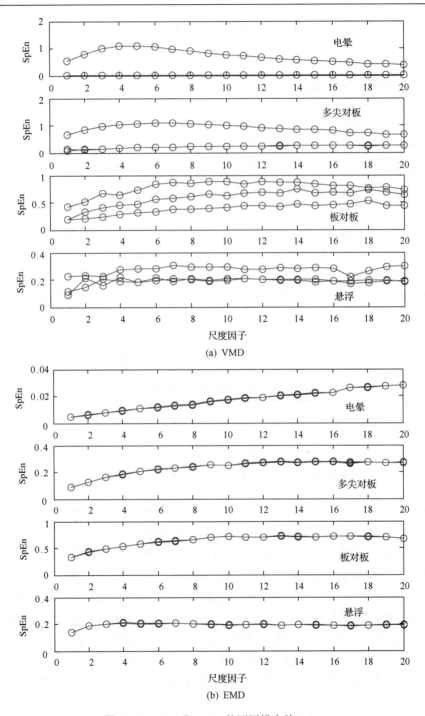

(a) VMD

(b) EMD

图 5-15　VMD 和 EMD 的不同模态的 MSE

2. 基于 BP 神经网络的不同放电类型的模式识别

选取电晕放电、多尖对板放电、板对板放电和悬浮放电四种放电类型共取 200 组样本(每种放电类型各有 50 组样本),从所有样本随机抽取 150 组数据用于 BP 神经网络训练,剩余 50 组数据作为测试样本。对上述数据同时进行如下两组对比试验:①第一组是分别以基于 VMD-MSE 方法和基于 EMD-MSE 方法得到的特征向量、信号本身—MSE 值作为放电信号特征向量,对 BP 神经网络进行训练和测试,识别结果如表 5-3 所示;②第二组是将原始放电信号进行 VMD 后,分别以分解得到的各固有模态分量的 MSE、SpEn 和 ApEn 作为特征向量,对 BP 神经网络进行训练和测试,识别结果如表 5-4 所示。

表 5-3　基于三种特征向量提取方法的不同放电类型识别结果(一)　　(单位:%)

放电类型	VMD-MSE		信号本身-MSE		EMD-MSE	
	准确率	整体准确率	准确率	整体准确率	准确率	整体准确率
电晕	100		98.97		60.84	
多尖对板	100		96.24		87.80	
板对板	100	100	99.32	98.63	93.00	74.75
悬浮	100		100		57.34	

表 5-4　基于三种特征向量提取方法的不同放电类型识别结果(二)　　(单位:%)

放电类型	VMD-MSE		VMD-SpEn		VMD-ApEn	
	准确率	整体准确率	准确率	整体准确率	准确率	整体准确率
电晕	100		100		100	
多尖对板	100		97.62		100	
板对板	100	100	83.93	95.93	77.75	91.54
悬浮	100		100		88.40	

因为在分类器中,每次分类前划分训练样本和测试样本都是随机抽取的,这就导致每次试验的最终结果有一定的差异。因此,本书对每种情况进行 20 次试验,将 20 次试验得到的平均值作为最终结果。由表 5-3 可知,基于 VMD-MSE 方法得到的特征向量的正确识别率要高于信号本身-MSE 和基于 EMD-MSE 方法得到的特征向量的正确识别率。这是由于 EMD 本质上是一个二进制滤波器组,在分解过程中与故障相关的信号频带中心和带宽是不确定的,并且 EMD 采用的递归模式分解会将包络线估计误差不断传播,加上信号中含有噪声或间歇信号,所以分解出现模态混叠,这将严重影响识别的正确率。而 VMD 是一种非递归的分解模式,通过迭代搜索变分模型最优解来确定每个模态分量的中心频率和频带,可以自适应地实现信号的频域剖分和各分量的有效分离。

由表 5-4 可知,基于 VMD-MSE 方法得到的特征向量的正确识别率要高于基于 VMD-SpEn 和 VMD-ApEn 方法得到的特征向量的正确识别率,这是因为 SpEn 比 ApEn 具有更强的抗噪声能量,能更准确地描述信号的状态,而 MSE 可以在多个尺度因子上计算 SpEn,比 SpEn 包含了更多关于原信号的有用信息。

由于本书研究中采用的同种放电类型的数据样本的实验条件基本相同,只是所加电压有所区别,所以同种放电样本的差异不大。这样,如表 5-3 和表 5-4 所示,对于各种放电测试样本(共 50 组),基于 VMD-MSE 方法所得的特征向量的识别正确率达到了 100%。若同种类型的测试样本实验条件差异较大(如放电模型形状和尺寸不同、实验环境不同等),则其分类正确率会有所下降。

5.6　基于变量预测模型模式识别方法的局部放电信号类型识别

分类识别方法的选择是变压器故障诊断的关键问题之一。神经网络、SVM 等模式识别方法在滚动轴承故障诊断中得到了广泛的应用。人工神经网络具有映射逼近能力、容错性、自组织、自适应、并行处理等诸多优点,但它具有局部极小点、收敛速度慢、网络学习和记忆不稳定性等缺陷[39],而且需要经验和试验来确定具体问题的网络结构。SVM 具有强大的非线性分类能力,但是 SVM 需要严格的核函数及其参数调整,同时由于它是一个寻优的过程,当样本数目很大时,SVM 的计算量很大[40, 41]。此外,SVM 算法本质上是二进制的,对于多分类问题要进行多次二进分类[42]。除了本身固有的缺陷,神经网络和 SVM 在进行模式识别的过程中都忽略了从原始数据中所提取的特征值之间的相互内在关系。由于从原始数据中提取的全部或部分特征值之间存在一定的相互内在关系,且不同的故障类别的特征值之间的相互内在关系有着明显的区别,所以可以利用这些相互内在关系来进行分类识别。为了充分利用特征值之间的相互内在关系,Raghuraj 与 Lakshminarayanan 提出了一种新的模式识别方法,即基于变量预测模型的模式识别(variable predictive model based class discrimination,VPMCD),取得了良好的识别效果[40, 42, 43]。

VPMCD 方法是一种基于变量预测模型(variable predictive model,VPM)的模式识别方法,其主要前提是认为用来将系统划分为不同类别的所有或者部分特征值(或变量)之间都具有一定的相互内在关系,这在多变量描述的系统中尤其明显。另外,VPMCD 方法与神经网络、SVM 一样,可以应用于多变量描述的非线性系统的模式识别问题。

5.6.1　变量预测模型模式识别方法基本原理

对于一个具有多个变量的系统,通常用一组变量和变量间的相互关系对系统特性进行区别，例如，对于变压器故障诊断问题，给定 p 个不一样的一组特征值 $\boldsymbol{X}=[X_1, X_2, \cdots, X_p]$ 来描述某种类型的故障。对于特征值 X_i，故障类型不同时，其他特征值对其的影响也会有所不同。因此，特征值 X_i 与其余的一个或者多个特征值之间存在着一定的函数关系，这种关系可以是线性的，也可以是非线性的。为了识别滚动轴承的故障模式，需要有能够描述这些函数关系的数学模型，以便对测试样本的特征值进行预测，进一步对测试样本进行分类，这种模型称为 VPM。

在 VPMCD 方法中，为特征值 X_i 定义的变量预测模型是一个线性或非线性的回归模型，可以选择以下四种模型之一。

线性模型(L)：
$$X_i = b_0 + \sum_{j=1}^{r} b_j X_j \tag{5-41}$$

线性交互模型(LI)：
$$X_i = b_0 + \sum_{j=1}^{r} b_j X_j + \sum_{j=1}^{r} \sum_{k=j+1}^{r} b_{jk} X_j X_k \tag{5-42}$$

二次模型(Q)：
$$X_i = b_0 + \sum_{j=1}^{r} b_j X_j + \sum_{j=1}^{r} b_{jj} X_j^2 \tag{5-43}$$

二次交互模型(QI)：
$$X_i = b_0 + \sum_{j=1}^{r} b_j X_j + \sum_{j=1}^{r} b_{jj} X_j^2 + \sum_{j=1}^{r} \sum_{k=j+1}^{r} b_{jk} X_j X_k \tag{5-44}$$

式中，$r \leqslant p-1$，为模型阶数。以 p 个特征值为例，选取上述四种模型中任意一个模型，使用特征值 $X_j (j \neq i)$ 对 X_i 进行预测，从而可得到变量 X_i 的变量预测模型 VPM_i：

$$X_i = f\left(X_j, b_0, b_j, b_{jj}, b_{jk}\right) + e \tag{5-45}$$

式中，e 为预测误差；特征值 X_i 为被预测变量；$X_j (j \neq i)$ 为预测变量；b_0、b_j、b_{jj}、b_{jk} 为模型参数，可以通过训练样本数据对预测模型训练对其进行参数估计。

对于有 g 类分类问题的状况，首先对每一类的每一个样本都提取 p 个特征值 $\boldsymbol{X}=[X_1, X_2, \cdots, X_p]$，接着分别对不同类别的训练样本数据建立数学预测模型，并且以最小预测误差平方和为判据选择最佳预测模型，因此，不同类别的所有特征值可以建立 $g \times p$ 个数学预测模型 VPM_i^k（$k=1, 2, \cdots, g$，代表不同的类别；$i=1, 2, \cdots, p$，代表不同的特征值）。然后对测试样本进行预测分类，提取同样的特征值，并用建立的 $g \times p$ 个预测模型 VPM_i^k 分别对测试样本的特征值进行预测，可以得到 $g \times p$ 个预测值 $\tilde{X}_i$。最后以同一类别下所有特征值的预测误差平方和最小为判别函数，对测试样本的状态类别分类，该分类方法就称为 VPMCD 方法。

VPMCD 方法可以分为两步，即模型训练和状态识别，下面分别介绍 VPMCD 的训练和测试过程。

1. VPMCD 模型的训练过程

(1)对于 g 类分类问题，共收集 n 个训练样本，每一类样本数分别为 n_1, n_2, $\cdots$, n_g。

(2)对所有训练样本提取特征向量 $X = [X_1, X_2, \cdots, X_p]$，每一类样本特征向量的规模大小分别为 $n_1 \times p$, $n_2 \times p$, $\cdots$, $n_g \times p$。

(3)L、LI、Q、QI 四种模型分别用数值 1、2、3、4 标记，令模型类型 $m=1$；模型阶次 $r=1(0<r<p)$；令 $k=1(0<k\leqslant g)$。

(4)选择第 k 类训练样本的特征量 $X_i(i=1,2,\cdots,\ p)$ 作为被预测变量，选择 r 个特征量 $X_j(j\neq i)$ 作为预测变量。预测变量的组合方式共有 C_{p-1}^r 种可能，因此对于特征量 X_i 可建立 C_{p-1}^r 个变量预测模型。

(5)对于每一个变量预测模型，特征量 X_i 都可以建立 n_k 个方程，利用这 n_k 个方程通过最小二乘回归对变量预测模型进行参数估计，然后将预测变量 X_j 代回变量预测模型得到特征量 X_i 的预测值 X_{i_pred}。

(6) 分别计算 C_{p-1}^r 个变量预测模型的预测误差平方和 $\mathrm{SSE}_l = \sum_{v=1}^{n_k}(X_{iv} - X_{iv\_pred})^2$，其中 $l=1, 2, \cdots, C_{p-1}^r$，$v$ 表示第 v 个训练样本。选择 SSE_l 最小值所对应的变量预测模型作为第 k 类训练样本中特征量 $X_i(i=1, 2, \cdots, p)$ 的变量预测模型 $\mathrm{VPM}_i^k(i=1, 2, \cdots, p)$，保存相应的模型参数和预测变量。

(7)令 $k=k+1$，循环步骤(3)～步骤(5)直至 $k=g$。至此，在模型类型为 m 和阶次为 r 的情况下，g 个类别的所有特征量都分别建立了变量预测模型 VPM_i^k，其中，$k=1, 2, \cdots, g$，表示不同类别，$i=1, 2, \cdots, p$，表示不同特征量。这些变量预测模型构成一个大小为 $g \times p$ 的 VPM 矩阵。

(8)令 $r=r+1$，循环步骤(4)～步骤(7)直至 $r=p-1$。

(9)令 $m=m+1$，循环步骤(4)～步骤(8)直至 $m=4$。至此，得到各种模型类型和阶次下的 $4(p-1)$ 个 VPM 矩阵。

(10)将所有训练样本作为测试样本分别对每一个 VPM 矩阵进行回代分类测试，选择分类正确率最高的 VPM 矩阵所对应的模型类型和阶次作为最佳变量预测模型的类型和阶次。至此，各种类别下的所有特征向量的最佳变量预测模型的类型、阶次、参数和预测变量都得以确定。

2. VPMCD 模型的测试过程

(1)选择测试样本，并提取其特征向量 $X = [X_1, X_2, \cdots, X_p]$。

(2) 对于测试样本的所有特征值 $X_i (i=1, 2, \cdots, p)$，分别采用变量预测模型 VPM_i^k 对其进行预测，得到预测值 $X_{i\_\text{pred}}^k$，其中，$k=1, 2, \cdots, g$，表示不同类别，$i=1, 2, \cdots, p$，表示不同特征量。

(3) 计算同一类别下所有特征值的预测误差平方和 $\text{SSE}^k = \sum_{i=1}^{p} (X_i - X_{i\_\text{pred}}^k)^2$，其中，$k=1, 2, \cdots, g$，并以 SSE^k 最小为判别函数对测试样本进行分类，即当在 g 个预测误差平方和中 SSE^k 最小时，将测试样本识别为第 k 类。

VPMCD 方法本质上是调用代理模型进行建模的，VPMCD 方法实际上选取了 L、LI、Q、QI 四种模型作为实际模型的代理模型，通过 VPMCD 方法中设定的判据，从这四种模型中选取最佳的代理模型作为分类模型。VPMCD 方法计算过程简单方便，仅通过最小二乘回归拟合参数，不需要参数的设置，避免了外界因素的介入，因此，VPMCD 方法具有客观快捷的性能。

5.6.2 VPMCD 方法存在的问题

在 VPMCD 方法中，对于第 k 类故障，一旦模型的类型、模型阶次 r 以及对特征向量 $\boldsymbol{X}_i$ 的预测变量 $X_j (i \neq j)$ 确定下来后，模型参数 b_0、b_j、b_{jj}、b_{jk} 可通过解 $n_k (n_k$ 为第 k 类故障训练样本数) 个方程得到，方程可表述为 $\boldsymbol{DB} = X_i$，$\boldsymbol{D}$ 为 $n_k \times q$ 的设计矩阵(根据所选模型确定)，见表 5-5，$\boldsymbol{B}$ 为参数向量。

表 5-5 不同模型的设计矩阵 $\boldsymbol{D}$ 和参数向量 $\boldsymbol{B}$ 的维数 q

模型类型	设计矩阵 $\boldsymbol{D}$	参数向量的维数 q
L	$[1, X_1, X_2, \cdots, X_r]$	$1+r$
LI	$[1, X_1, X_2, \cdots, X_r, X_1 X_2, X_1 X_3, \cdots, X_{r-1} X_r]$	$1+r+C_r^2$
Q	$[1, X_1, X_2, \cdots, X_r, X_1^2, X_2^2, \cdots, X_r^2]$	$1+2r$
QI	$[1, X_1, X_2, \cdots, X_r, X_1^2, X_2^2, \cdots, X_r^2, X_r, X_1 X_2, X_1 X_3, \cdots, X_{r-1} X_r]$	$1+2r+C_r^2$

这样，训练模型的参数计算就被转换成非齐次线性方程组的求解问题。

VPMCD 方法中采用最小二乘回归的方法实现预测模型的参数识别。

设计矩阵 $\boldsymbol{D}$，通常会有 $n_g \neq p$(样本个数与特征向量维数不等)，此时 $\boldsymbol{DB} = X_i$ 方程没有确定解，可能存在一个解空间。对于此种情况，可以寻找一个向量 $\boldsymbol{B}$，使得误差向量 $\boldsymbol{e} = \boldsymbol{DB} - X_i$ 的向量长度的平方和最小。可以利用梯度下降法得到最小误差平方和的近似最优解为

$$\boldsymbol{B} = (\boldsymbol{D}^{\text{T}} \boldsymbol{D})^{-1} \boldsymbol{D}^{\text{T}} X_i \tag{5-46}$$

当 $\boldsymbol{D}$ 中的变量完全相关时，$(\boldsymbol{D}^T\boldsymbol{D})$ 将是不可逆矩阵。此时，参数向量 $\boldsymbol{B}$ 将无法求得。而当 $\boldsymbol{D}$ 中的变量存在高度相关关系时，行列式 $|\boldsymbol{D}^T\boldsymbol{D}|$ 的值接近于零，这时求 $(\boldsymbol{D}^T\boldsymbol{D})^{-1}$ 时会含有非常严重的舍入误差。因此，对于最小二乘回归，估计参数容易受较大舍入误差的影响。

此外，如果 $\boldsymbol{D}$ 是一个 $n_g \times q$ 的矩阵（n_g 是样本数量，q 是参数向量 $\boldsymbol{B}$ 的维数），对于最小二乘回归，通常样本数目就至少应是变量个数的两倍以上，即 $n_g > 2q$。因此，当特征向量维数较大时，参数向量 $\boldsymbol{B}$ 的维数也较大，所需要的样本数量也会增多，所以基于最小二乘回归的 VPMCD 方法无法实现小样本情况下的故障诊断问题。

5.6.3 VPMCD 方法的改进

为了避免最小二乘回归存在的问题，本节采用偏最小二乘回归（partial least squares regression，PLS）代替最小二乘回归实现 VPMCD 方法中预测模型的参数估计。

偏最小二乘回归是一种新型的多元统计数据分析方法，它集多元线性回归分析、典型相关分析和主成分分析的基本功能于一体，将建模预测类型的数据分析方法与非模式的数据认识性分析方法有机地结合在一起，研究的焦点是多因变量（包括单一因变量）对多自变量的回归建模，能够在自变量存在严重多重相关性的条件下进行回归建模。另外，偏最小二乘回归较好地解决了样本个数少于变量个数的问题。

1. 偏最小二成回归的基本思想

设有 m 个因变量（被解释变量）$\{y_1, y_2, \cdots, y_m\}$ 和 k 个自变量（解释变量）$\{x_1, x_2, \cdots, x_k\}$，样本量为 n，$\boldsymbol{X}=[x_1, x_2, \cdots, x_k]_{n \times k}$ 和 $\boldsymbol{Y}=[y_1, y_2, \cdots, y_m]_{n \times m}$ 为自变量与因变量的数据矩阵，偏最小二乘回归在 $\boldsymbol{X}$ 与 $\boldsymbol{Y}$ 中提取成分 t_1 和 u_1，t_1 是 $x_1, x_2, \cdots, x_k$ 的线性组合，u_1 是 $y_1, y_2, \cdots, y_m$ 的线性组合，并且满足：①t_1 和 u_1 应尽可能携带各自数据矩阵的变异信息；②t_1 和 u_1 的相关程度能够最大。

这两个要求表明 t_1 和 u_1 应尽可能地代表数据矩阵 $\boldsymbol{X}$ 和 $\boldsymbol{Y}$，同时自变量成分 t_1 对因变量成分 u_1 具有最强的解释能力，在提取第一成分 t_1 和 u_1 后，再分别实施 $\boldsymbol{X}$ 对 t_1 的回归以及 $\boldsymbol{Y}$ 对 u_1 的回归，如果达到满意的精度则算法终止，否则利用 $\boldsymbol{X}$ 被 t_1 解释后的残余信息以及 $\boldsymbol{Y}$ 被 t_1 解释后的残余信息进行第二轮的提取，直到达到满意的精度。

2. 基于偏最小二乘回归的 VPMCD（PLS-VPMCD）方法

在 VPMCD 方法的训练过程中，将偏最小二乘回归应用于对每个特征向量 X_i

预测模型的建立，该过程可以看作单因变量偏最小二乘的回归建模过程。局部放电信号提取得到特征向量矩阵：

$$F = [F_1, F_2, \cdots, F_p]_{n \times p} \tag{5-47}$$

式中，n 为训练样本的数目；p 为特征量的维数

　　根据 VPMCD 的训练过程，依次对每个特征向量 F_i 建立预测模型，采用偏最小二乘回归估计各预测模型的参数。将被预测特征向量 F_i 作为因变量（被解释变量）$Y_{n \times 1} = \{F_i\}$，选择 q 个预测特征向量 $F_j(i \neq j)$ 作为自变量（解释变量）矩阵 $X_{n \times q} = \{F_j, (i \neq j)\}$。

　　下面是基于偏最小二乘回归的参数估计过程。

　　(1) 对 $X_{n \times q}$ 和 $Y_{n \times 1}$ 进行标准化处理，得到标准化后的自变量矩阵 E_0 和因变量矩阵 F_0。

　　(2) 从 E_0 中抽取一个主成分，$t_1 = E_0 w_1$，其中，$\|w_1\| = 1$，w_1 是矩阵 $E_0^T F_0 F_0^T E_0$ 的最大特征值对应的特征向量。提取成分后实施 E_0 在 t_1 上的回归及 F_0 在 t_1 上的回归，即

$$E_0 = t_1 p_1^T + E_1 \tag{5-48}$$

$$F_0 = t_1 r_1 + F_1 \tag{5-49}$$

式中，p_1 和 r_1 为回归系数（r_1 是标量）；E_1 和 F_1 为回归后的残差向量。

　　进行交叉有效性计算：

$$S_{\text{ss},h} = \sum_{i=1}^{n} (y_i - \hat{y}_{hj})^2 \tag{5-50}$$

$$S_{\text{PRESS},h} = \sum_{i=1}^{n} (y_i - \hat{y}_{h(-i)})^2 \tag{5-51}$$

$$Q_h^2 = 1 - \frac{S_{\text{PRESS},h}}{S_{\text{SS},h} - 1} \tag{5-52}$$

式中，h 为提取成分的个数；y_i 为因变量的原始数据；$\hat{y}_{hj}$ 为使用全部样本并提取 h 个成分回归建模后，第 i 个样本的拟合值；$\hat{y}_{h(-i)}$ 为在建模时删去第 i 个样本，取 h 个成分回归建模后，再用此模型计算的 y_i 的拟合值。

　　若满足 $Q_h^2 \geq 0.0975$，停止迭代；否则，用 E_1、F_1 来代替 E_0、F_0，用同样的方法重复步骤(2)。

最后可用交叉有效性确定偏最小二乘回归中成分 t_h 的提取个数。

(3)当方程满足精度要求时，提取 m 个成分 t_1，t_2，…，t_m，（$m<A$，A 为自变量 X 的秩），即可得到 F_0 关于 t_h 的回归模型为

$$F_0 = r_1 t_1 + r_2 t_2 + \cdots + r_m t_m + F_m \tag{5-53}$$

由于 t_1，t_2，…，t_m 都是 E_0 的线性组合，最后可得到 F_0 关于 E_0 的表达式。

(4)还原变量，得到原变量的回归模型：

$$\hat{y}^* = a_1 x_1^* + a_2 x_2^* + \cdots + a_t x_t^* \tag{5-54}$$

式中，a_j 为回归系数 $a_j = \sum_{h=1}^{m} r_h \omega_{hj}^*$ ，ω_{hj}^* 为 w_h^* 的第 j 个分量，$w_h^* = \prod_{j=1}^{h-1} (I - w_j p_j^{\mathrm{T}}) w_h$

（w_j 是 $E_{j-1}^{\mathrm{T}} F_{j-1} F_{j-1}^{\mathrm{T}} E_{j-1}$ 的最大特征值对应的特征向量；w_h 为自变量的权值向量）

(5)按照标准化的逆过程，将步骤(4)中的回归方程还原成 Y 对 X 的回归方程，即得到被预测变量 F_i 和预测变量 $F_j(i \neq j)$ 的数学关系，最终建立特征向量 F_i 的预测模型。

由于偏最小二乘回归只需要选取合理的自变量空间和因变量空间的方向，其对训练样本数据的拟合和预测就会相当稳健和可靠，要求样本量少。此外，偏最小二乘回归从原自变量中抽取的成分之间是相互正交的，因此就不会遇到多重相关性问题。

综上所述，基于 PLS-VPMCD 方法适用于特征向量之间存在多重相关性的情况，并且更适用于小样本，甚至是极小样本条件下的分类模型的训练。

5.6.4　基于 PLS-VPMCD 方法的局部放电信号类型识别

本节局部放电信号由 5.3 节介绍的油纸绝缘放电试验得到，选取电晕放电、油中多尖对板放电、油中板对板放电和油中悬浮放电四种放电类型进行类型识别。

本章针对四种变压器局部放电实验模型的二维谱图提取出表征谱图特征的统计参数，并以此作为放电信号的特征量进行放电类型识别。选取 29 个电晕放电样本，39 个多尖对板放电样本，118 个板对板放电样本和 66 个悬浮放电样本。其中，上述各样本均为包含 50 个工频周期的放电信号。分别提取各种放电类型的放电信号基于 φ - $q_{\max}$ 的统计特征，即 $T=[Sk^+, Sk^-, Ku^+, Ku^-, Pe^+, Pe^-, Mv^+, Mv^-, Cc, QF, Mcc]$。

表 5-6 为电晕放电统计特征值之间的相关系数。由表 5-6 可以看出，各特征值之间存在很强的线性相关性，其中很多关系都为线性关系(相关系数为 1)。这正好满足了使用 VPMCD 方法的前提。

表 5-6　电晕放电统计特征值之间的相关系数

特征值	Sk$^+$	Sk$^-$	Ku$^+$	Ku$^-$	Pe$^+$	Pe$^-$	Mv$^+$	Mv$^-$	Cc	QF	Mcc
Sk$^+$	1	0.992	−1	0.999	1	0.867	1	−0.102	1	1	1
Sk$^-$	0.992	1	−0.992	0.988	0.992	0.841	0.992	−0.175	0.992	0.992	0.992
Ku$^+$	−1	−0.992	1	−0.999	−1	−0.867	−1	0.102	−1	−1	−1
Ku$^-$	0.999	0.988	−0.999	1	0.999	0.873	0.999	−0.084	0.999	0.999	0.999
Pe$^+$	1	0.992	−1	0.999	1	0.867	1	−0.102	1	1	1
Pe$^-$	0.867	0.841	−0.867	0.873	0.867	1	0.867	−0.118	0.867	0.867	0.867
Mv$^+$	1	0.992	−1	0.999	1	0.867	1	−0.102	1	1	1
Mv$^-$	−0.102	−0.175	0.102	−0.084	−0.102	−0.118	−0.102	1	−0.102	−0.102	−0.102
Cc	1	0.992	−1	0.999	1	0.867	1	−0.102	1	1	1
QF	1	0.992	−1	0.999	1	0.867	1	−0.102	1	1	1
Mcc	1	0.992	−1	0.999	1	0.867	1	−0.102	1	1	1

分别使用 VPMCD 方法、PLS-VPMCD 方法和 BP 神经网络方法对四种放电类型进行识别。其中，电晕放电、多尖对板放电、板对板放电和悬浮放电分别选取 10 个、15 个、50 个和 10 个样本作为训练样本，其余作为测试样本。三种方法的分类识别结果如表 5-7 所示。

表 5-7　PLS-VPMCD、VPMCD 和 BP 神经网络的局部放电信号识别结果

放电类型	PLS-VPMCD			VPMCD			BP 神经网络		
	准确率/%	整体准确率/%	时间/s	准确率/%	整体准确率/%	时间/s	准确率/%	整体准确率/%	时间/s
电晕放电	100			10			100		
多尖对板放电	100	98.02	0.7191	73.33	82.18	0.1632	66.67	89.01	6.3760
板对板放电	100			100			100		
悬浮放电	92.31			80.77			68.75		

由表 5-7 可以很容易发现，PLS-VPMCD 方法的识别准确率要远远高于 VPMCD 和 BP 神经网络方法的识别准确率。此外，BP 神经网络方法进行分类识别的运行时间(6.3760s)远远长于 PLS-VPMCD 方法和 VPMCD 方法的运行时间（分别为 0.7191s 和 0.1632s）。这主要是因为 VPMCD 模型的建立避免了神经网络的迭代过程，减少了计算量，训练时间短。

尤其需要注意的是，VPMCD 方法得到的电晕放电类型的准确率仅为 10%。这主要是因为电晕放电所提的特征值之间存在较强的线性关系，而 VPMCD 方法中使用的最小二乘回归方法在此种情况下存在较大的误差。本章所提出的 PLS-VPMCD 方法恰好解决了 VPMCD 方法存在的不足，具有更强的适用性。

参 考 文 献

[1] 朱德恒, 严璋, 谈克雄. 电气设备状态监测与故障诊断技术[M]. 北京: 中国电力出版社, 2009.

[2] 郭俊, 吴广宁, 张血琴, 等. 局部放电检测技术的现状和发展[J]. 电工技术学报, 2005, 20(2): 29-35.

[3] 肖燕, 郁惟镛. GIS 中局部放电在线监测研究的现状与展望[J]. 高电压技术, 2005, 31(1): 47-49.

[4] International Electrotechnical Commission. High-voltage test techniques–partial discharge measurements, 3: IEC 60270[S]. Geneva: Enviromental Technology, 2000.

[5] 沈煜, 阮羚, 谢齐家, 等. 采用甚宽带脉冲电流法的变压器局部放电检测技术现场应用[J]. 高电压技术, 2011, 37(4): 937-943.

[6] 周玉钏. 变压器局部放电诊断方法研究[J]. 电气开关, 2012, 50(2): 47-49.

[7] WU R N, Chung I H, Chang C. Classification of partial discharge patterns in GIS using adaptive neuro-fuzzy inference system[J]. Journal of the Chinese Institute of Engineers, 2014, 37(8): 1043-1054.

[8] 温敏敏, 宋建成, 宋渊, 等. 基于局部放电统计特征参量分析的矿用干式变压器绝缘状态评估[J]. 高电压技术, 2014, 40(8): 2398-2405.

[9] 高凯, 谈克雄, 李福祺, 等. 基于散点集分形特征的局部放电模式识别研究[J]. 中国电机工程学报, 2002, 22(5): 23-27.

[10] 陈伟根, 杜杰, 凌云, 等. 基于能量-小波矩特征分析的油纸绝缘气隙放电过程划分[J]. 仪器仪表学报, 2013, 34(5): 1062-1069.

[11] 李剑, 孙才新, 杜林, 等. 局部放电灰度图象分维数的研究[J]. 中国电机工程学报, 2002, 22(8): 123-127.

[12] Maheswari R V, Subburaj P, Vigneshwaran B, et al. Non linear support vector machine based partial discharge patterns recognition using fractal features[J]. Journal of Intelligent & Fuzzy Systems, 2014, 27(5): 2649-2664.

[13] Zhang X, Xiao S, Shu N, et al. GIS partial discharge pattern recognition based on the chaos theory[J]. IEEE Transactions on Dielectrics and Electrical Insulation, 2014, 21(2): 783-790.

[14] 郑重, 谈克雄, 高凯. 局部放电脉冲波形特性分析[J]. 高电压技术, 1999, 25(4): 15-17.

[15] 汪可, 廖瑞金, 王季宇, 等. 局部放电 UHF 脉冲的时频特征提取与聚类分析[J]. 电工技术学报, 2015, 30(2): 211-219.

[16] 鲍永胜. 局部放电脉冲波形特征提取及分类技术[J]. 中国电机工程学报, 2013, 33(28): 168-175.

[17] 陈新岗, 田晓霄, 赵阳阳, 等. 信息融合在变压器油纸绝缘局部放电识别中的应用[J]. 高电压技术, 2012(3): 553-559.

[18] Hao L, Lewin P L. Partial discharge source discrimination using a support vector machine[J]. IEEE Transactions on Dielectrics and Electrical Insulation, 2010, 17(1): 189-197.

[19] 刘凡, 张昀, 姚晓, 等. 基于 K 近邻算法的换流变压器局部放电模式识别[J]. 电力自动化设备, 2013, 33(5): 89-93.

[20] 尚海昆, 苑津莎, 王瑜, 等. 基于统计特征参数与相关向量机的变压器局部放电类型识别[J]. 电测与仪表, 2014, 51(5): 15-20.

[21] Nagesh V, Gururaj B I. Automatic detection and elimination of periodic pulse shaped interferences in partial discharge measurements[J]. IEEE Proceedings of Science, Measurement and Technology, 1994, 141(5): 335-342.

[22] 张士宝, 董旭柱, 林渡, 等. 局部放电监测中现场干扰的分析与抑制[J]. 清华大学学报(自然科学版), 1997, 37(8): 109-112.

[23] 万元, 李朝晖, 薛松, 等. 水轮发电机局部放电在线监测中的脉冲识别方法[J]. 高电压技术, 2009, 35(9): 2169-2175.

[24] 周凯, 吴广宁, 何景彦, 等. 脉冲电压下局部放电信号的提取和统计[J]. 西南交通大学学报, 2008, 43(3): 319-324.

[25] 王鹏, 吴广宁, 罗杨, 等. 连续高压脉冲方波下局部放电测试系统设计[J]. 高电压技术, 2012, 38(3): 587-593.

[26] Ashtiani M B, Shahrtash S M. Partial discharge pulse localization in excessive noisy data window[J]. IEEE Transactions on Dielectrics and Electrical Insulation, 2015, 22(1): 428-435.

[27] Shahsavarian T, Shahrtash S M. Online partial discharge signal conditioning for φ-q-n representation under noisy condition in cable systems[J]. IET Science Measurement & Technology, 2015, 9(1): 20-27.

[28] Li J, Cheng C, Jiang T, et al. Wavelet de-noising of partial discharge signals based on genetic adaptive threshold estimation[J]. IEEE Transactions on Dielectrics and Electrical Insulation, 2012, 19(2): 543-549.

[29] Otsu N. A threshold selection method from gray-level histograms[J]. IEEE Transactions on Systems, Man and Cybernetics, 1979, 9(1): 62-66.

[30] 许向阳, 宋恩民, 金良海. Otsu 准则的阈值性质分析[J]. 电子学报, 2009, 37(12): 2716-2719.

[31] Pincus S M. Approximate entropy as a measure of system complexity[J]. Proceedings of the National Academy of Science, 1991, 88(6): 2297-2301.

[32] Richman J S, Moorman J R. Physiological time-series analysis using approximate entropy and sample entropy[J]. American Journal of Physiology-Heart and Circulatory Physiology, 2000, 278(6): H2039-H2049.

[33] 郑近德, 程军圣, 胡思宇. 多尺度熵在转子故障诊断中的应用[J]. 振动. 测试与诊断, 2013, 33(02): 294-297.

[34] 谢平, 江国乾, 武鑫, 等. 基于多尺度熵和距离评估的滚动轴承故障诊断[J]. 计量学报, 2013, 34(6): 548-553.

[35] 杨松山, 周灏, 赵海洋, 等. 基于LMD多尺度熵与SVM的往复压缩机轴承故障诊断方法[J]. 机械传动, 2015, 39(2): 119-123.

[36] 谢平, 陈晓玲, 苏玉萍, 等. 基于EMD-多尺度熵和ELM的运动想象脑电特征提取和模式识别[J]. 中国生物医学工程学报, 2013, 32(6): 641-648.

[37] 陈慧, 张磊, 熊国良, 等. 滚动轴承的MSE和PNN故障诊断方法[J]. 噪声与振动控制, 2014, 34(6): 169-173.

[38] Costa M, Goldberger A L, Peng C. Multiscale entropy analysis of biological signals[J]. Physical Review E, 2005, 71(2): 21906.

[39] Zheng J, Cheng J, Yang Y, et al. A rolling bearing fault diagnosis method based on multi-scale fuzzy entropy and variable predictive model-based class discrimination[J]. Mechanism and Machine Theory, 2014, 78: 187-200.

[40] Raghuraj R, Lakshminarayanan S. VPMCD: Variable interaction modeling approach for class discrimination in biological systems[J]. FEBS Letters, 2007, 581(5): 826-830.

[41] 杨宇, 潘海洋, 程军圣. VPMCD 和模糊熵在转子系统故障诊断中的应用[J]. 振动. 测试与诊断, 2014, 5(34): 790-795.

[42] Raghuraj R, Lakshminarayanan S. Variable predictive models—a new multivariate classification approach for pattern recognition applications[J]. Pattern Recognition, 2009, 42(1): 7-16.

[43] Raghuraj R, Lakshminarayanan S. Variable predictive model based classification algorithm for effective separation of protein structural classes[J]. Computational Biology and Chemistry, 2008, 32(4): 302-306.

第6章　基于超声信号的变压器绝缘放电故障诊断

　　局部放电是反映变压器绝缘缺陷的重要征兆，进行变压器绝缘放电故障诊断时往往需要先确定是否存在局部放电，然后才能进一步确定放电源。某些局部放电的测量方法，如宽频带脉冲电流法，接收的信号会受周围环境及地线的干扰，直接用于变压器绝缘放电的评判会造成误判。而超声波法由于具有较强的抗电磁干扰特性特点，在判断变压器是否存在局部放电方面具有显著优势。在实际工作中，有经验的诊断专家都要借助变压器的超声信号强弱判断是否存在局部放电，但缺乏系统的诊断方法，因此基于超声信号的变压器绝缘放电故障诊断的研究具有重要意义。

6.1　变压器放电的超声信号检测现状

　　局部放电是一种脉冲放电，它会在电力设备内部和周围空间产生一系列的光、声、电气和机械振动等物理现象和化学变化，这为监测电力设备内部绝缘状态提供了检测途径。目前，已经出现了脉冲电流法、特高频检测法(ultra-high frequency, UHF)、油中溶解气体分析(DGA)、超声波检测法等多种局部放电检测技术。但是，脉冲电流法，尤其基于罗氏线圈 HFCT 的在线监测法和超高频检测法等电测法抵抗电磁干扰的能力差，即使用上述方法测得的信号有明显异常，也难以确定变压器内部是否存在局部放电。超声波检测法通过检测变压器局部放电产生的超声波信号来测量局部放电的大小和位置[1]，该方法现场操作简单、应用便捷，受电气干扰小，可以实现在线测量和定位，但是目前超声传感器灵敏度低，且抗电磁干扰能力较差，因此，超声波检测法主要用于定性地判断局部放电信号的有无。超声法与其他方法相比较，具有电气干扰少，无须考虑试验电源和加压方式，可以实现在线测量等优势[2, 3]，因此，超声波检测法在判断变压器是否存在局部放电方面具有显著优势，在实际工作中有经验的诊断专家都要借助变压器的超声信号强弱判断是否存在局部放电，但其缺乏系统的诊断方法，所以基于超声信号的变压器绝缘放电故障诊断研究具有重要意义。

　　关于局部放电超声检测的研究工作主要包括超声传感器的研究[4, 5]、声电联合测量方法的研究[6]、声波在绝缘介质中传播过程的研究[7]以及超声定位[8, 9]等，但目前有关根据测得的超声信号判断是否存在内部局部放电的判别方法的研究还很少。

本书主要开展应用超声信号数据来判断变压器有无局部放电的研究,对于待诊断的超声信号,利用其有效频域内各频率间隔内的频谱面积与正常信号对应频率间隔内频谱面积的比值超过设定阈值的统计次数作为有无局部放电的评判指标。

6.2　超声波检测法原理

变压器出现局部放电时,不但会产生高频脉冲电信号,还会伴随着爆裂状的声发射,并产生超声波,且很快向四周介质传播。产生的超声波从局部放电源以球面波的方式向四周传播,通过绝缘纸板、绝缘油等介质向变压器油箱外传播并到达油箱壁。因此,可利用超声波来测试变压器局部放电,即利用超声传感器接收到的变压器内部的超声波来判断变压器是否发生局部放电。

超声波检测技术中的超声波接收主要由超声传感器来实现。超声传感器主要由传感器外壳、压电晶片、前置电路、吸附用磁铁以及输出端子等组成,其结构如图 6-1 所示。传感器的核心元件是压电晶片,一般采用锆钛酸铅压电陶瓷,这种压电晶片具有较高的机电耦合常数,能有效地接收超声波。

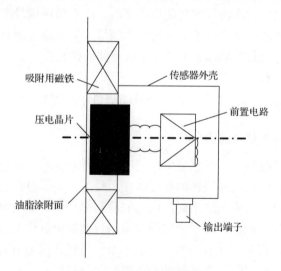

吸附用磁铁　　传感器外壳
压电晶片　　前置电路
油脂涂附面　　输出端子

图 6-1　超声传感器的结构

局部放电产生时会辐射出电磁波。图 6-2 为变压器模拟局部放电超声波传播路径示意图。图 6-2 中 X 点为放电源,A_1、A_2 为内置与外置式超声传感器位置,Y 为垂直于液面的点。

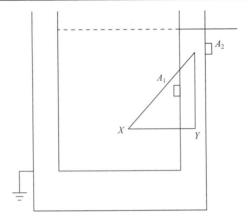

图 6-2　变压器模拟局部放电超声波传播路径

局部放电产生时，位于外部的传感器 A_2 接收来自放电点 X 的放电信号的路径有三种：超声波穿过油体到达 A_1 点，再经变压器外壁传向接收点 A_2，路径为 $X{-}A_1{-}A_2$；也可能以纵波经过 Y 点沿外壁再以横波传到 A_2 点，路径为 $X{-}Y{-}A_2$；第三种则由 X 点直接到达 A_2 点，路径为 $X{-}A_2$。由于在不同介质中超声波传播的衰减不同，在变压器油中放电信号衰减相对其他材料几乎为 0，所以要捕获放电量微小的局部放电应该在内部安装超声传感器。由于超声信号在金属介质中的损耗很大，所以超声波无法实现放电量的精确测量，如何通过测量得到的超声信号判断变压器内部是否存在局部放电是一个很重要的研究内容。

6.3　基于超声信号的变压器绝缘放电判别方法

6.3.1　局部放电超声信号频谱分析

在变压器在线监测和检测系统中，如何根据所测信号判断变压器内部是否存在局部放电是进行绝缘故障确诊的重要前提。目前，关于根据超声信号确定是否存在局部放电的研究很少。通常局部放电的检测都是以局部放电发生时产生的各种物理量的检测为基础的[10]，最普遍的是采用视在放电量作为判断是否存在局部放电的标准[11, 12]。但是，也有一些学者认为单纯用视在放电量的大小来判断放电的危害程度是不充分的[11]。在实际的变压器局部放电检测过程中，超声信号的强弱是判定变压器局部放电的重要参数。

为确定变压器内绝缘是否存在局部放电，本书提出一种基于超声信号频域内累计越限次数的放电判别方法。

变压器局部放电超声波频谱分布广，各频带的频谱幅值也不相同。某两个现场实测变压器局部放电信号波形及对应的频谱图如图 6-3 所示。超声波在线监测中包含多种声音噪声，如变压器本体振动、风扇旋转等产生的声音噪声，为了避开声音噪声，有必要对噪声和超声波的频谱特征进行了解和分析。文献[13]对于现场变压器实测局部放电超声信号研究得到的结论是：变压器局部放电超声信号频谱幅值较大的频带在 15～160kHz 范围内，超出此范围的超声波幅值已较低。变压器本体振动产生的信号在频域内有明显的周期性，并且信号频谱主要集中在 1kHz 以内，1.5kHz 以上的频率分量很小，几乎衰减为零[14]。发生直流偏磁时

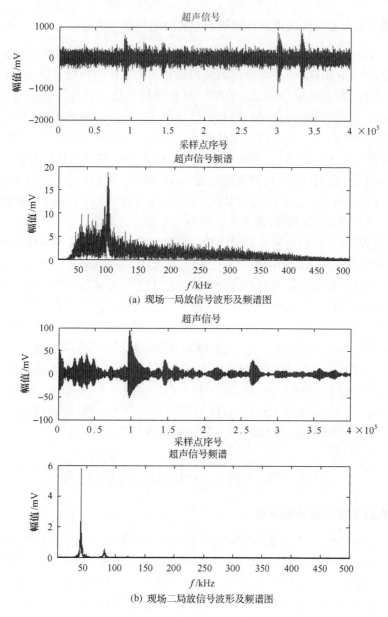

图 6-3　两个现场实测局部放电超声信号及其频谱

会出现 0.5～1.4kHz 的振动信号[15]。风扇旋转产生的噪声频率为 0.5～2kHz。综上所述，为了避开声音噪声，并结合所使用超声传感器的特点，本书将变压器放电产生的超声信号的频谱的应用限制在 15～160kHz 范围内，根据这一频带的超声频谱来判断所测超声信号中是否含有局部放电分量，且将频谱幅值越限次数作为判断放电的重要特征量。

6.3.2　基于超声信号频域内累计越限次数的放电判别方法

变压器正常运行时，通过超声传感器采集正常运行信号，并将其变换到频域内，考虑 15～160kHz 有效频段内的超声信号。将正常超声信号变换到有效频域范围内，确定合适的频率间隔，分别计算正常超声信号和待诊断的超声信号在 15～160kHz 频率范围内每个频率间隔（建议取 1kHz）内的频谱面积，依次计算待诊断的超声信号与正常超声信号在对应频率间隔内的频谱面积的比值 N，为避免在较强背景噪声下引起误判，设定 N 的阈值为 1.5～3。统计待诊断的信号在 15～160kHz 频率范围内比值 N 超阈值的个数 Len，然后根据 Len 的大小判断发生放电的可信度。Len 越大说明放电越明显，放电的可信度越高。设定 Len 的阈值 Thr（建议取 6），大于等于此阈值时表明放电现象几乎是肯定的。

基于超声信号频域内累计越限次数的放电判别方法主要实现步骤如下。

(1)分别统计待诊断的超声信号在 15～160kHz 频率间隔内的频谱面积与正常超声信号在对应频率间隔内的频谱面积的比值大于设定阈值 N 的统计个数 Len。

(2)根据步骤(1)中得到的统计值 Len 的大小判断待诊断超声信号中是否存在局部放电，当 Len＜1 时，判断该信号中没有局部放电，结束；当 Len≥1 时，判断该信号中有局部放电信号，并转到步骤(3)计算判别结果的可信度。

(3)可信度计算。根据加权统计值 Len 的大小，计算判别结果的可信度。将放电可信度分为较小、一般、较大、几乎肯定四种程度，当 1≤Len＜(Thr/3) 时，可信度为较小；当 (Thr/3)≤Len＜(2Thr/3) 时，可信度为一般；当 (2Thr/3)≤Len＜Thr 时，可信度为较大；当 Len≥Thr 时，可信度为几乎肯定。

6.4　超声信号放电故障判别案例

6.4.1　实验室超声信号的判别

在实验室环境下针对悬浮放电和电晕放电两种放电模型分别采集正常运行和异常运行的超声信号，采用 USS-1 局部放电超声探测器（传感器接收频率的范围是 110～130kHz，中心频率 120kHz，数字滤波 10k～1MHz）进行超声信号采集。正常超声信号是实验装置没有加高压电，也就是局部放电模型没发生放电时测得的超声信号；异常超声信号是实验装置加高压电，局部放电模型发生局部放电时测得的超声信号。根据本书提出的在频域内累计越限次数的判别方法对待诊断的超声信号进行局部放电判断。

图 6-4 和图 6-5 分别是两种放电模型的正常超声信号和异常超声信号及其特征量有效频带内的频谱图,其判别结果如表 6-1 所示,其中 Len 表示待诊断信号在 15～160kHz 频段内各频率间隔内的面积与对应正常信号频谱面积的比值超过设定阈值的个数,可信度为横线的代表该信号为正常超声,不需要进行可信度计算。

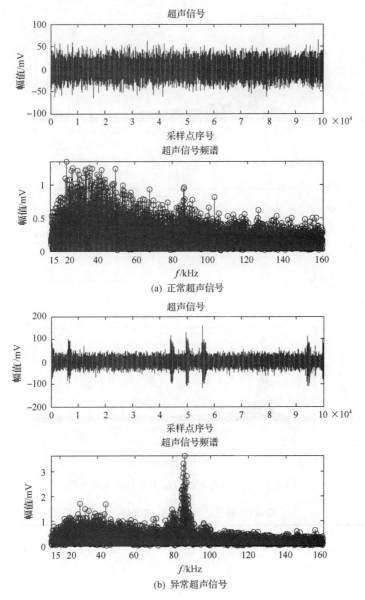

(a) 正常超声信号

(b) 异常超声信号

图 6-4　悬浮放电实验下超声信号及其频谱图

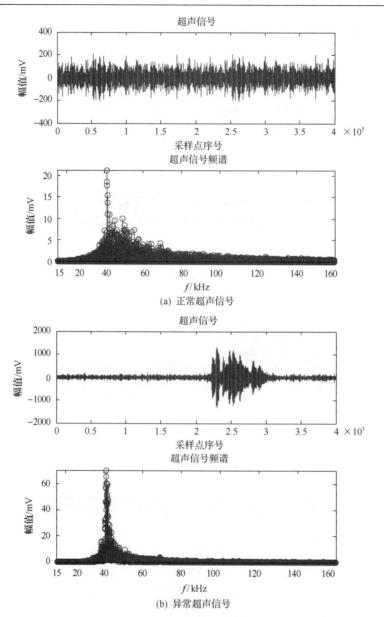

图 6-5　电晕放电实验下超声信号及其频谱图

表 6-1　基于超声信号的放电判别结果

信号	Len	有无局部放电	可信度
(悬浮)正常超声信号	0	无	—
(悬浮)异常超声信号	9	有	几乎肯定
(电晕)正常超声信号	0	无	—
(电晕)异常超声信号	14	有	几乎肯定

实验室环境下测得了 18 组不同运行状态的超声数据,其中 2 组为无外加电压情况下的超声信号,另外 16 组为不同放电模型在外加电压变化情况下的有放电现象的放电超声数据。按照所提方法判别所得结果如表 6-2 所示。由表 6-2 可知,采用所提方法对实验室环境下所测得的超声信号的放电有无的判别准确率达到了100%,说明该判别方法是有效的。

表 6-2　实验室超声信号的放电判别结果

超声信号	Len	有无放电	可信度
1	9	有	几乎肯定
2	5	有	较大
3	3	有	一般
4	3	有	一般
5	3	有	一般
6	6	有	几乎肯定
7	5	有	较大
8	0	无	—
9	6	有	几乎肯定
10	5	有	较大
11	1	有	较小
12	5	有	较大
13	3	有	一般
14	4	有	较大
15	3	有	一般
16	3	有	一般
17	0	无	—
18	7	有	几乎肯定

6.4.2　现场实测超声信号的判别

江苏省南京市某电厂主变压器 A 相油中溶解气体色谱分析的乙炔含量明显偏高,怀疑本体有放电现象。采用 USS-1 局部放电超声探测器(传感器接收频率的范围是 110~130kHz,中心频率 120kHz)采集该变压器的超声信号,对此种传感器按时间先后顺序采集到的 18 段超声数据进行放电有无判断,结果列于表 6-3,表 6-3 中横线代表频谱面积与正常时相比未超阈值,属于无放电。对于该变压器测得的上述 18 段超声信号数据的判断结果表明,该变压器放电是间歇性的。

表 6-3　　现场实测超声信号的放电判别结果

超声信号	Len	有无放电	可信度
1	7	有	几乎肯定
2	7	有	几乎肯定
3	7	有	几乎肯定
4	7	有	几乎肯定
5	6	有	几乎肯定
6	0	无	—
7	0	无	—
8	0	无	—
9	0	无	—
10	6	有	几乎肯定
11	7	有	几乎肯定
12	7	有	几乎肯定
13	7	有	几乎肯定
14	9	有	几乎肯定
15	7	有	几乎肯定
16	8	有	几乎肯定
17	8	有	几乎肯定
18	5	有	较大

　　图 6-6 为该异常变压器在某时间段的超声信号及其频谱图，采用本书所提出的判别方法对实测超声信号进行放电有无的判断，判别结果为 Len=7，该信号存在局部放电，可信度是"几乎肯定"。

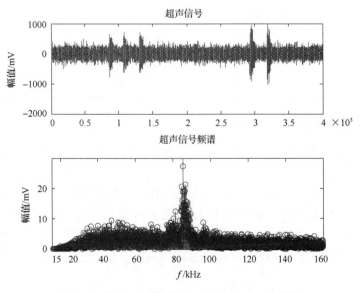

图 6-6　某电厂主变压器实测超声信号及其频谱

参 考 文 献

[1] 唐志国, 李成榕, 常文治, 等. 变压器局部放电定位技术及新兴 UHF 方法的关键问题[J]. 南方电网技术, 2008, 2(1): 36-40.

[2] 徐文, 张守中, 王勇. 超声带电局部放电检测技术现场应用研究[J]. 山东电力技术, 2008, (4): 42-46.

[3] 王铮, 刘二丽, 张认成, 等. 基于人工神经网络的开关柜局部放电超声波检测方法[J]. 华东电力, 2011, 39(3): 498-501.

[4] 谢庆, 程述一, 耿江海, 等. 基于定向准确度的局部放电超声阵列传感器声学性能定量评价[J]. 中国电机工程学报, 2014, (6): 965-970.

[5] 程述一. 局部放电超声阵列传感器的声学性能评价及其稀疏设计[D]. 北京: 华北电力大学博士学位论文, 2014.

[6] 白保东, 兰云鹏. 变压器局部放电射频和超声联合检测[J]. 沈阳工业大学学报, 2009, 31(1): 11-15.

[7] 王庆. 变压器局部放电超声信号传播规律及定位方法的研究[D]. 保定: 华北电力大学硕士学位论文, 2004.

[8] 刘蓉. 基于超声技术的变压器内部局部放电定位研究[D]. 西安: 陕西师范大学硕士学位论文, 2009.

[9] 罗日成, 李卫国, 李成榕, 等. 基于改进 PSO 算法的变压器局部放电超声定位方法[J]. 电力系统自动化, 2005, 29(18): 66-69.

[10] 李军浩, 韩旭涛, 刘泽辉, 等. 电气设备局部放电检测技术述评[J]. 高电压技术, 2015, 41(8): 2583-2601.

[11] 荃旭柱, 王昌长, 朱德恒. 电力变压器局部放电在线监测研究的现状和趋势(二)[J]. 变压器, 1996, 33(5): 2-7.

[12] 林方彬, 叶力行, 黄昱. 变压器局部放电超声波测试[J]. 福建电力与电工, 2007, 27(3): 25-27.

[13] 伍志荣, 李焕章, 唐良. 运行变压器、电抗器振动噪声及局部放电超声波信号的频谱分析[J]. 高电压技术, 1991, 11(1): 44-48.

[14] 杨琦. 基于振动噪声的变压器运行状态监测装置的开发[D]. 北京: 华北电力大学硕士学位论文, 2010.

[15] 陈青恒, 马宏彬, 何金良. 直流偏磁引起的 500kV 电力变压器振动和噪声的现场测量与分析[J]. 高压电器, 2009, 45(3): 93-96.

第7章 变压器多检测手段的融合诊断及系统开发

电力变压器是输配电网络中最重要的设备，它的可靠性直接关系到电网的安全运行。而变压器长期连续运行，又不可避免地会发生异常或故障。变压器异常时有的表现为多种监测/检测手段数据的异常，有的表现为单种或少数几种监测/检测手段数据的异常。对于变压器故障诊断，本书第3章～第6章分别介绍了基于油色谱数据的故障诊断方法、变压器振动信号的故障诊断方法、基于脉冲电流的绝缘放电诊断方法和基于超声信号的放电诊断方法。本章主要是在前几章诊断技术及方法的基础上，介绍如何将DGA信息、变压器振动信号、局部放电信号、超声信号作为综合特征量，应用信息融合方法对变压器运行状态进行综合诊断；还简要介绍作者课题组采用SQLServer 2008数据库管理系统、MATLAB、Microsoft Visual Studio 2012开发平台和面向对象技术所开发的变压器多信息融合诊断系统。

7.1 融合诊断研究现状

电力变压器本身是个极其复杂的系统，故障的机理原因十分复杂，故障模式与故障特征之间的对应关系完全是一种非线性的映射关系。变压器故障多样性、不确定性和各种故障之间联系的复杂性，导致仅依靠单一检测手段的诊断方法对变压器整体状况无法作出正确判断，由各个单一检测手段所得故障结论可能是不一致的。因此综合利用收集到的多种检测手段的异常现象或征兆，采用数据融合诊断技术，可以实现更准确的故障类型判断。国内外虽然对变压器的综合(融合)故障诊断进行了一些研究，但研究基本上都处于探索阶段，并且存在着如下问题：①多数研究主要是对某一种监测手段的数据进行多种智能诊断方法的融合[1-4]，以克服单一诊断方法的缺陷，如文献[1]和文献[2]都是使用油色谱数据进行变压器故障的融合诊断，文献[1]将多神经网络与证据理论相融合，文献[2]将证据理论用于基于粗糙集、模糊聚类、神经网络、贝叶斯理论等技术所形成的证据体的合成之中；②利用多种检测手段的监测数据进行融合诊断的研究较少，能够融合的信息种类太少，文献[5]～文献[8]都将DGA数据和电气试验数据进行了融合，而综合使用包括油色谱分析、局部放电检测装置、振动传感器等多种手段所得动态监测数据进行的变压器综合故障诊断尚未见报道；③融合方法的实用性不足，如文献[9]提出了一种基于免疫方法的变压器综合故障诊断模型，但变压器各类数据的获得在时间上也存在一定的差异，因此采用一个整体的数学模型来实现各监测数据的融合难以达到好的效果。综上所述，现有故障诊断或状态评估方法无法适应电力设备状态监测中心所拥有数据的实际情况，有必要综合多特征参量进行变压器故障诊断的研究。

7.2　变压器融合诊断

信息融合技术指对来自多个信息源的信息进行多级识别、多方面、多层次地处理，产生新的更有意义的信息，研究的侧重点主要在于有效融合数据的具体方法和如何增强计算能力。数据融合技术首次是在 1973 年美国国防部自主开发的声呐信号识别系统中提出的。多源信息是数据融合的对象，协调优化和综合处理是数据融合的核心。目前尚没有形成新型融合系统的层次结构，应用最多的是 Dasarathy 指出的传感器融合模型，他将信息融合模型分为数据层融合、特征层融合和决策层融合。对采集的原始数据进行综合、分析和合成称为数据层融合，它是最底层的融合，其优点是保持了尽可能多的原始数据、信息量丰富、融合结果精确，缺点是融合处理代价高、数据通信量大、抗干扰能力差等。对数据加工处理后得到的特征信息进行融合称为特征层融合，特征层融合是一种特征层联合识别的过程，其优点是保持了足够多的重要信息，有利于实时处理，缺点是信息不可避免地受到损失，致使精确性降低。针对来源渠道不同的结果或决策进行融合称为决策层融合，决策层融合的决策结果是全局最优决策，融合结果直接影响决策水平。

如第 1 章所述，目前同一电压等级的变压器在线监测装置的配备尚不统一，不同电压等级的变压器的监测装置配备的差别更大，且在运行过程中检修人员会视变压器状态情况增加相应指标的临时检测，这就决定了不同的变压器所具有的检测数据的种类差别较大，且使用不同检测手段测得的同一变压器的数据在时间上有一定差异，这些因素导致变压器诊断只能采用决策层融合，也就是在各信息源分别诊断的基础上，融合各信息源的诊断结论，给出综合评判。

决策层融合需从具体决策问题的需求出发，充分利用各种信息源的诊断情况。而每种监测信息的诊断相当于一类专家，因此该系统根据各类诊断的特点和关系建立多专家合作诊断机制，进而综合判断变压器的状态。该系统结构具有良好的开放性，在一个或几个信息源失效的情况下能继续工作，具有容错性，当有新的监测量加入时，也无须更改其他监测数据的诊断过程。

7.2.1　多专家协同诊断结构

各变压器配备的监测装置可能不同，并且变压器异常时的现象不同进而采用的检测手段也不同。这样，就需要擅长各自监测/检测数据分析的专家(实际是基于某种检测手段所得数据的诊断子系统)先行诊断出自己的结论，然后再融合各个专家的结论进行综合诊断。如图 7-1 所示，综合诊断系统采用了层次式多专家系统协同合作的故障诊断方法，其中多专家合作诊断知识源、黑板、控制模块构成了多专家系统的主体结构。同时，多专家协同诊断系统可利用人机界面实现系统与运行维护人员的交互，完成数据的输入和输出、诊断命令的发出以及诊断结果的显示等。

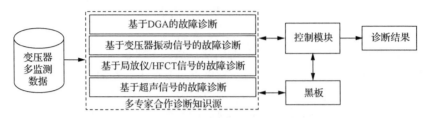

图 7-1　变压器多专家协同故障诊断系统

多专家合作诊断知识源包括多个知识源分别完成其自身的诊断任务并对诊断结果加以分析和综合。在诊断过程中，各知识源可随时从黑板上了解其他知识源的工作结果和对故障诊断问题的意见，同时将自己的诊断结果发表在黑板上以达到相互交流诊断的目的。根据现有可获得的数据情况，这里主要实现了基于 DGA 的故障诊断、基于变压器振动信号的故障诊断和基于局放仪/HFCT 信号的故障诊断及基于超声信号的故障诊断，因此多专家诊断知识源中主要包含了这四类专家，随着可获得数据和研究的进一步深入，可以逐步增加专家的种类和数量。

控制模块从知识源和黑板中识别和选取可用知识，将找到的知识进行解释执行，并以事件驱动方式激活各知识源并协调各知识源的诊断，完成系统故障诊断的推理流程。

7.2.2　协同诊断规则

虽然各类专家所分析的数据不同，诊断的侧重点和结论空间也不同，但各类专家所得结果并不是完全独立的，综合各类专家的诊断结果，更有利于完整地分析变压器的现有状态。

电力变压器故障按性质可以分为热故障、电故障和机械故障三大类。热故障按过热温度高低可分为高温过热和中低温过热；电类故障按放电能量高低分为高能量放电和低能量放电，高能量放电一般指电弧放电和比较强烈的火花放电，低能量放电一般指局部放电和比较微弱的火花放电。

可反映变压器内部故障且大部分在线监测装置能监测到的特征气体主要有 H_2、CH_4、C_2H_6、C_2H_4、C_2H_2 五种。在基于 DGA 的变压器故障诊断方法中根据特征气体含量或比例采用智能方法将变压器状态空间划分为正常状态(N)和低能放电(D_1)、高能放电(D_2)、中低温过热(T_{12})、高温过热(T_3)和局部放电(PD)五种。

放电是变压器绝缘缺陷的重要征兆。按照放电发生的原理和部位，变压器放电可分为电晕放电、悬浮放电、多尖对板放电、板对板放电等类型。采用局部放电分析仪获取放电信号后，首先可按提取到的放电参数对目标信号存在局部放电现象的可能性进行分析。若存在放电可能性，继续对信号进行特征提取，进而采用适合的分类方法识别出具体的局部放电类别。超声波法由于具有较强的抗电磁干扰特性，是检测局部放电的一种有效、可靠方法。可通过对超声波检测仪所监测到的数据的分析，来检测局部放电的有无。此外，当发生局部放电时，油中溶解气体含量也会发生相应的变化，一般表现为总烃含量不高，特征气体主要是 H_2，其次是 CH_4。通常 H_2 体积可占氢烃的 90%以上，CH_4 体积占总烃的 90%以上。放电能量密度大时可能会出现少量 C_2H_2，一般小于总烃的 2%。由此可以看到，局放仪/HFCT 或超声信号和 DGA 数据并不是孤立的，而是存在紧密联系的。因此，基于局部放电信号的诊断方法和基于 DGA 数据的诊断方法可互为补充。

图 7-2 显示了变压器出现局部放电故障时，可能出现的故障征兆，包括油中气体含量变化、局放仪/HFCT 信号、超声信号的变化等，这些将触发诊断系统中不同的诊断专家进行诊断工作。反之，若某一类诊断专家诊断变压器发生了局部放电故障，系统也将触发其他相关的诊断专家进行诊断，以为后面的融合诊断奠定基础。

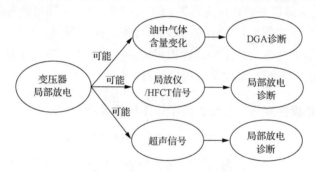

图 7-2　变压器局部放电诊断因果图

国内外变压器故障统计分析表明，绕组形变、铁心夹件或螺栓松动等引起的机械故障是变压器故障的主要组成部分。变压器出现机械故障会导致变压器振动特性发生改变，部分频段内振动能量发生变化。因此，可通过对变压器振动信号的监测与分析来判断变压器的状态。另外，很多机械故障是以热故障或电故障的形式表现出来的，如铁心多点接地、局部短路和紧固不良等可导致出现过热性故障。再如若变压器绕组抗短路能力不足，当电网发生非同期合环产生大电流连续冲击时，如果电动力超过了变压器绕组所能承受的力，不仅使绕组发生幅向严重形变失稳，引起局部放电、匝间短路导致其绝缘损坏，严重的甚至会将变压器烧毁。因此当发生绕组或铁心等的机械故障时，变压器的油中溶解气体含量、局放仪/HFCT 信号或超声信号也会触发相应的诊断专家进行诊断。所以，几种诊断方法可互为补充，协调诊断。当振动信号诊断专家给出变压器异常结论时，将触发其他几类诊断专家的工作。反之，其他诊断专家给出异常结论时，也会触发振动信号诊断专家进行诊断。振动信号的诊断结果(铁心故障、绕组故障)可一定程度上给出具体的故障部位。

7.3　基于可信度的变压器综合状态的多监测参量的融合确定

可信度方法是由美国斯坦福大学肖特利夫等在考察了非概率的和非形式化的推理过程后,于 1975 年提出的一种不确定性推理模型。它是基于确定性理论、结合概率论和模糊集合论等方法提出的一种推理方法。该方法采用可信度(certainty factor, CF)作为不确定性的测度,通过对 $CF(H, E)$ 的计算,探讨证据 E 对假设 H 的定量支持程度,也称为 C-F 模型。

变压器是一个复杂的系统,经常是一种故障伴随着另一种故障发生,绝对地给出变压器发生了某故障或未发生某故障的结论是不合理的。变压器综合状态的融合确定是一个不确定性推理问题,即从不确定的初始证据出发,通过运用不确定性知识,推出具有一定程度的不确定性的和合理的结论。可信度是指对一个事物或现象为真的相信程度,则变压器诊断证据 E 的不确定性用证据的可信度 $CF(E)$ 表示。当证据以某种程度为真时,$CF(E) > 0$;当证据肯定为真时,$CF(E) = 1$;当证据以某种程度为假时,$CF(E) < 0$;当证据一无所知时,$CF(E) = 0$。不确定性的表示和度量推理方法是不确定性推理机的研究重点,下面将从这些方面对变压器综合状态的多监测参量的融合确定进行分析。

7.3.1　基于可信度的变压器综合诊断不确定性的表示

变压器的综合诊断中存在着诊断证据的不确定性和诊断结论的不确定性。依据 7.2 节的分析,变压器的融合诊断是决策层的融合,也就是在各信息源分别诊断的基础上,融合各信息源的诊断结论,给出综合评判。因此,各类诊断专家的诊断结论就是综合诊断的证据,而由第 3 章和第 6 章的描述可以看出这些融合诊断的证据具有不确定性,如 DGA 诊断出变压器正常状态的概率是 0.8549 或超声诊断给出的结论是变压器放电的可能性较小等。

诊断结论即融合诊断所给出的变压器综合状态的描述。热故障、电故障和机械故障是电力变压器的常见故障,分析变压器的故障机理,考虑到很多机械故障往往以热故障或电故障的形式表现出来,同时存在一些尚未表现为其他形式的机械故障,本书把变压器的综合状态划分为:电力变压器综合状态={正常,中低温过热,高温过热,低能放电,高能放电,局部放电,纯机械铁心故障,纯机械绕组故障}。其中,纯机械铁心故障和纯机械绕组故障指出现了单纯的铁心或绕组机械故障,未伴随出现热故障或电故障。绝对地给出变压器发生了某故障或未发生某故障的结论是不合理的,因此诊断结论也具有不确定性的特点。

针对变压器融合诊断证据和结论的特点,本书中采用可信度的方法来表示这种不确定性。对于 DGA 诊断，可信度的取值可等同于各种状态的概率输出，取值范围为 $0 \leqslant CF(E) \leqslant 1$。对于局放仪/HFCT 诊断，为使融合诊断结论更准确，本节首先基于 5.4 节所提取到的放电次数 n、视在放电量 q 对目标信号存在局部放电现象的可能性进行评估。放电可能性 $p = \lambda_1 \cdot p_Q + \lambda_2 \cdot p_N = p_Q \cdot \dfrac{p_N}{p_Q + p_N} + p_N \cdot \dfrac{p_Q}{p_Q + p_N}$。

式中，p_Q、p_N 分别是根据视在放电量和放电次数得到的放电可能性，p_Q、$p_N \in [0, 1]$，λ_1、λ_2 是权重且 $\lambda_1 + \lambda_2 = 1$，本书取 $\lambda_1 = p_N / (p_Q + p_N)$、$\lambda_2 = p_Q / (p_Q + p_N)$。将局部放电诊断结论分为无放电、较小、一般、较大、有放电五种，它和可信度的转换如表 7-1 所示。对超声信号诊断，根据 6.4 节定义，可信度的取值按表 7-2 进行转换。

表 7-1　局放仪/HFCT 诊断证据可信度的确定

诊断结论	无放电	较小	一般	较大	有放电
可信度	0.15	0.4	0.6	0.8	0.95

表 7-2　超声信号诊断证据可信度的确定

诊断结论	较小	一般	较大	几乎肯定
可信度	0.25	0.5	0.75	0.95

变压器综合诊断推理知识用产生式规则表示，每条规则也具有一个可信度。产生式规则如式 (7-1) 所示：

$$\text{IF } E \text{ THEN } H\big(CF(H, E)\big) \tag{7-1}$$

式中，E 是变压器综合诊断的证据；H 是综合诊断结论的假设，如正常、中低温过热等；$CF(H, E)$ 是该规则的可信度，称为可信度因子或规则强度。$CF(H, E)$ 的作用域为 $[-1, 1]$，$CF(H, E) > 0$ 则表示该证据增加了假设为真的程度，且 $CF(H, E)$ 的值越大，假设 H 越真。若 $CF(H, E) = 1$，则表示该证据使假设为真。反之，若 $CF(H, E) < 0$，则表示该证据增加了假设为假的程度，且 $CF(H, E)$ 的值越小，假设 H 越假。$CF(H, E) = -1$ 表示该证据使假设为假。$CF(H, E) = 0$，表示证据 E 和假设 H 没有关系。

例如，IF 超声诊断存在局部放电 THEN 变压器局部放电故障 (0.9)，表示了证据超声诊断存在局部放电与诊断结论变压器局部放电故障之间的规则关系，该规则的可信度是 0.9。

对于可信度，具有式 (7-2) 的计算公式：

$$CF(H, E) = MB(H, E) - MD(H, E) \tag{7-2}$$

式中，MB (measure belief) 为信任增长度，表示因证据 E 的出现而增加对假设 H

为真的信任增加程度，即当 $\text{MB}(H,E)>0$ 时，有 $P(H|E)>P(H)$ 。 $\text{MB}(H,E)$ 的计算方法如式 (7-3) 所示， $\text{MB}(H,E)$ 取值范围为 $[0,1]$ ：

$$\text{MB}(H,E)=\begin{cases} 1, & P(H)=1 \\ \dfrac{\max\{P(H|E),P(H)\}-P(H)}{1-P(H)}, & \text{其他} \end{cases} \tag{7-3}$$

MD (measure disbelief) 为不信任增长度，表示因证据 E 的出现对假设 H 为假的信任增加程度，即当 $\text{MD}(H,E)>0$ 时，有 $P(H|E)<P(H)$ 。 $\text{MD}(H,E)$ 的计算方法如式 (7-4) 所示， $MD(H,E)$ 取值范围也为 $[0,1]$ ：

$$\text{MD}(H,E)=\begin{cases} 1, & P(H)=0 \\ \dfrac{\min\{P(H|E),P(H)\}-P(H)}{-P(H)}, & \text{其他} \end{cases} \tag{7-4}$$

若 $\text{MB}(H,E)>0,\text{MD}(H,E)=0$ ，则 $\text{CF}(H,E)=\text{MB}(H,E)$ ；若 $\text{MD}(H,E)>0$ ， $\text{MB}(H,E)=0$ ，则 $\text{CF}(H,E)=-\text{MD}(H,E)$ ，这种性质称为 MB 和 MD 的互斥性。据互斥性和 CF 的定义，可得 $\text{CF}(H,E)$ 的计算公式：

$$\text{CF}(H,E)=\begin{cases} \dfrac{P(H|E)-P(H)}{1-P(H)}, & P(H|E)>P(H) \\ 0, & P(H|E)=P(H) \\ \dfrac{P(H|E)-P(H)}{P(H)}, & P(H|E)<P(H) \end{cases} \tag{7-5}$$

从 CF 定义和上述分析可有式 (7-6) 所示的特点，即如果一个证据对某个假设的成立有利，那么就必然对该假设的不成立不利，而且对两者的影响程度相同。

$$\text{CF}(H|E)+\text{CF}(\sim H|E)=0 \tag{7-6}$$

对变压器综合诊断而言，由式 (7-6) 可知，若局放仪/HFCT 或超声信号诊断放电的可能性为 0.75，则该结论支持变压器为正常状态的可信度则为 –0.75。

根据式 (7-5)，可由先验概率 $P(H)$ 和后验概率 $P(H|E)$ 求出 $\text{CF}(H|E)$ 。在变压器综合故障诊断中，现有条件下由于含多种监测参量的变压器故障案例很少， $P(H)$ 和 $P(H|E)$ 难以通过样本统计获得，因此 $\text{CF}(H|E)$ 的值根据对变压器多种监测/检测手段及诊断方法的可靠性及正确性的分析给出。原则是：若由于相应诊断证据的出现增加了对假设 H 为真的可信度，则使 $\text{CF}(H|E)>0$ ，证据的出现越是

支持 H 为真，就使 $\mathrm{CF}(H|E)$ 越大；反之，则使 $\mathrm{CF}(H|E)<0$；证据的出现越是支持 H 为假，就使 $\mathrm{CF}(H|E)$ 的值越小；若证据的出现与 H 无关，则使 $\mathrm{CF}(H|E)=0$。变压器综合诊断规则的可信度 $\mathrm{CF}(H|E)$ 如表 7-3 所示。表 7-3 中，N、T_{12}、T_3、D_1、D_2、PD、IC、W 分别表示诊断结论为正常、中低温过热、高温过热、低能放电、高能放电、局部放电、纯机械铁心故障、纯机械绕组故障。

表 7-3　变压器综合诊断规则的可信度

E　　　　　　H	N	T_{12}	T_3	D_1	D_2	PD	IC	W
DGA 诊断结论为正常	1	0	0	0	0	0	0	0
DGA 诊断结论为中低温过热	0	1	0	0	0	0	0	0
DGA 诊断结论为高温过热	0	0	1	0	0	0	0	0
DGA 诊断结论为低能放电	0	0	0	1	0	0	0	0
DGA 诊断结论为高能放电	0	0	0	0	1	0	0	0
DGA 诊断结论为局部放电	0	0	0	0	0	1	0	0
局放仪/HFCT 信号诊断结论为放电可能性 P_1	−1	0	0	0.3	0.3	0.9	0	0
超声信号诊断结论为放电可能性 P_2	−1	0	0	0.2	0.2	0.9	0	0
振动信号诊断结论为正常	0.7	−0.1	−0.1	−0.1	−0.1	−0.1	0	0
振动信号诊断结论为纯机械铁心故障	0	0.1	0.1	0.1	0.1	0.1	1	0
振动信号诊断结论为纯机械绕组故障	0	0.1	0.1	0.1	0.1	0.1	0	1

7.3.2　基于可信度的变压器综合诊断的推理算法

在变压器综合故障诊断中，诊断证据包括 DGA 诊断结论、局放仪/HFCT 诊断结论、超声信号诊断结论、振动信号诊断结论等多项，因此下面将对组合证据及多个独立证据的可信度推理算法进行分析。

1. 组合证据的不确定性算法

1) 合取证据

当组合证据为多个单一证据的合取时：

$$E = E_1 \text{ AND} E_2 \text{ AND} \cdots \text{ AND } E_n \tag{7-7}$$

若已知 $\mathrm{CF}(E_1),\ \mathrm{CF}(E_2),\cdots,\ \mathrm{CF}(E_n)$，则有

$$\mathrm{CF}(E) = \min\{\mathrm{CF}(E_1),\mathrm{CF}(E_2),\cdots,\mathrm{CF}(E_n)\} \tag{7-8}$$

即对于多个证据合取的可信度，取其可信度最小的那个证据的 CF 值作为组合证据的可信度。

2) 析取证据

当组合证据是多个单一证据的析取时：

$$E = E_1 \ \text{OR} \ E_2 \ \text{OR} \ \cdots \ \text{OR} \ E_n \tag{7-9}$$

若已知 $\text{CF}(E_1)$, $\text{CF}(E_2)$, $\cdots$, $\text{CF}(E_n)$，则有

$$\text{CF}(E) = \max\{\text{CF}(E_1), \text{CF}(E_2), \cdots, \text{CF}(E_n)\} \tag{7-10}$$

即对于多个证据的析取的可信度，取其可信度最大的那个证据的 CF 值作为组合证据的可信度。

2. 不确定性的传递算法

不确定性的传递算法就是根据证据和规则的可信度求其假设的可信度。若已知规则为

$$\text{IF } E \text{ THEN } H\big(\text{CF}(H, E)\big)$$

且证据 E 的可信度为 $\text{CF}(E)$，则假设 H 的可信度 $\text{CF}(H)$ 为

$$\text{CF}(H) = \text{CF}(H, E)\max\{0, \text{CF}(E)\} \tag{7-11}$$

当 $\text{CF}(E) > 0$，即证据以某种程度为真时，$\text{CF}(H) = \text{CF}(H, E)\text{CF}(E)$。若 $\text{CF}(E) = 1$，即证据为真，则 $\text{CF}(H) = \text{CF}(H, E)$。这说明，当证据 E 为真时，假设 H 的可信度为规则的可信度。当 $\text{CF}(E) < 0$，即证据以某种程度为假，规则不能使用时，$\text{CF}(H) = 0$。

3. 多个独立证据推出同一假设的合成算法

如果两条不同的规则推出同一假设，但可信度各不相同，则可用合成算法计算综合可信度。

已知如下两条规则：

$$\text{IF } E_1 \ \text{THEN} \ H\big(\text{CF}(H, E_1)\big)$$

$$\text{IF } E_2 \ \text{THEN} \ H\big(\text{CF}(H, E_2)\big) \tag{7-12}$$

其结论 H 的综合可信度可按如下步骤求得。

(1) 根据式 (7-11) 分别求出：

$$\mathrm{CF}_1(H) = \mathrm{CF}(H, E_1)\max\{0, \mathrm{CF}(E_1)\}$$

$$\mathrm{CF}_2(H) = \mathrm{CF}(H, E_2)\max\{0, \mathrm{CF}(E_2)\} \tag{7-13}$$

(2) 求出 E_1 和 E_2 对 H 的综合影响所形成的可信度 $\mathrm{CF}_{1,2}(H)$：

$$\mathrm{CF}_{1,2}(H) = \begin{cases} \mathrm{CF}_1(H) + \mathrm{CF}_2(H) - \mathrm{CF}_1(H)\cdot\mathrm{CF}_2(H), & \mathrm{CF}_1(H) \geqslant 0, \mathrm{CF}_2(H) \geqslant 0 \\ \mathrm{CF}_1(H) + \mathrm{CF}_2(H) + \mathrm{CF}_1(H)\cdot\mathrm{CF}_2(H), & \mathrm{CF}_1(H) < 0, \mathrm{CF}_2(H) < 0 \\ \mathrm{CF}_1(H) + \mathrm{CF}_2(H), & \mathrm{CF}_1(H)\cdot\mathrm{CF}_2(H) < 0 \end{cases}$$

$$\tag{7-14}$$

实例 7.1　若变压器单一诊断专家诊断结论分别如下。

E_1：DGA 诊断结论为变压器局部放电概率为 0.8029。

E_2：超声诊断结论为有放电的可能性较大，根据表 7-2 转换为局部放电的可信度为 0.75。

E_3：局放仪/HFCT 诊断结论为有放电，可能性较大，根据表 7-1 转换为局部放电的可信度为 0.8。

对于变压器综合状态为局部放电而言，这三种证据是基于不同的监测参量进行诊断的结论，因此是独立的。参照表 7-3 和式 (7-14)，则诊断假设 H 为局部放电的可信度的计算过程如下。

(1) 根据证据 E_1、E_2、E_3，分别求 $\mathrm{CF}_1(H)$、$\mathrm{CF}_2(H)$、$\mathrm{CF}_3(H)$。

$$\mathrm{CF}_1(H) = \mathrm{CF}(H, E_1)\times\max\{0, \mathrm{CF}(E_1)\} = 1\times 0.8029 = 0.8029$$

$$\mathrm{CF}_2(H) = \mathrm{CF}(H, E_2)\times\max\{0, \mathrm{CF}(E_2)\} = 0.9\times 0.75 = 0.675$$

$$\mathrm{CF}_3(H) = \mathrm{CF}(H, E_3)\times\max\{0, \mathrm{CF}(E_3)\} = 0.9\times 0.8 = 0.72$$

(2) 求假设 H 为局部放电的综合可信度。

$$\begin{aligned} \mathrm{CF}_{1,2}(H) &= \mathrm{CF}_1(H) + \mathrm{CF}_2(H) - \mathrm{CF}_1(H)\cdot\mathrm{CF}_2(H) \\ &= 0.8029 + 0.675 - 0.8029\times 0.675 = 0.9359 \end{aligned}$$

$$\begin{aligned} \mathrm{CF}_{12,3}(H) &= \mathrm{CF}_{12}(H) + \mathrm{CF}_3(H) - \mathrm{CF}_{12}(H)\cdot\mathrm{CF}_3(H) \\ &= 0.9359 + 0.72 - 0.9359\times 0.72 = 0.98 \end{aligned}$$

从假设 H 为局部放电的综合可信度可以看出，在三种证据都对该假设支持度较高时，假设的可信度得到了显著增长。

实例 7.2　变压器单一诊断专家诊断结论如下。

E_1：DGA 诊断结论为变压器正常的概率为 0.5738。

E_2：无超声信号，则根据超声信号诊断放电可能性证据的可信度为 0。

E_3：局放仪/HFCT 诊断结论为无放电，根据表 7-1 转换为局部放电的可信度为 0.15。

E_4：振动信号诊断结论为正常。

对于变压器综合状态为正常而言，E_1、E_2、E_3 和 E_4 是独立的。参照表 7-3 和式 (7-14)，则有诊断假设 H 为正常的可信度的计算如下。

(1) 根据证据 E_1、E_2、E_3 和 E_4，分别求 $CF_1(H)$、$CF_2(H)$、$CF_3(H)$、$CF_4(H)$。

$$CF_1(H) = CF(H, E_1) \times \max\{0, CF(E_1)\} = 1 \times 0.5738 = 0.5738$$

$$CF_2(H) = CF(H, E_2) \times \max\{0, CF(E_2)\} = -1 \times 0 = 0$$

$$CF_3(H) = CF(H, E_3) \times \max\{0, CF(E_3)\} = -1 \times 0.15 = -0.15$$

$$CF_4(H) = CF(H, E_4) \times \max\{0, CF(E_4)\} = 0.7 \times 1 = 0.7$$

(2) 求假设 H 为正常的综合可信度。

$$CF_{1,2}(H) = CF_1(H) + CF_2(H) - CF_1(H) \cdot CF_2(H)$$
$$= 0.5738 + 0 - 0.5738 \times 0 = 0.5738$$

$$CF_{12,3}(H) = CF_{12}(H) + CF_3(H) = 0.5738 - 0.15 = 0.4238$$

$$CF_{123,4}(H) = CF_{123}(H) + CF_4(H) - CF_{123}(H) \cdot CF_4(H)$$
$$= 0.4238 + 0.7 - 0.4238 \times 0.7 = 0.8271$$

从结论可以看出，在证据对该"正常"假设支持度较高时，假设的可信度也得到了显著增长。同时，可看出基于可信度方法的变压器融合诊断具有良好的兼容性，既适用于安装了研究中全部监测/检测手段的变压器，也适用于只安装了部分装置的变压器。当有新的监测/检测手段加入时，也只需要增加相应诊断规则的可信度，不需对其他内容进行修改。

7.4　基于多监测参数的变压器融合诊断系统开发

7.4.1　系统开发模式

1. 系统架构

系统开发主要有两种模式架构：客户/服务器 (client/server，C/S) 架构和浏览器/服务器 (browser/server，B/S) 架构，也有一些系统采用 C/S 与 B/S 架构混合的模式。

1) C/S 架构

C/S 架构是一种典型的两层架构。C/S 架构是胖客户端架构，因为客户端需要实现绝大多数的业务逻辑和界面展示，作为客户端的部分需要承受很大的压力，显示逻辑和事务处理都包含在其中，通过与数据库的交互(通常是结构查询语言(structured query language, SQL)或存储过程的实现)来达到持久化数据，以此满足实际项目的需要。C/S 架构适用面窄，通常用于局域网中。用户群固定，由于程序需要安装才可使用，不适合面向一些不可知的用户。维护成本高，发生一次升级，则所有客户端的程序都需要改变。

2) B/S 架构

B/S 架构的主要事务逻辑在服务器端实现，少数事务逻辑在前端实现。B/S 架构的系统无须特别安装，有 Web 浏览器即可。B/S 架构中，显示逻辑交给了 Web 浏览器，事务处理逻辑放在了 WebApp 上，避免了庞大的胖客户端，减少了客户端的压力，因此也称为瘦客户端。

相比 C/S 架构，以 B/S 架构实现的变压器综合诊断系统具有诸多优点：客户端只用来进行显示，不需要再去进行数据的存取和复杂数据的计算等工作，充分利用服务器，大大降低了系统对客户端的要求，投资和使用成本也随之变少；界面友好，操作方便，不需要安装程序，可直接通过浏览器实现变压器的故障诊断；易于升级和维护，不需要在修改程序后对所有客户端进行升级更新，减少了因系统升级而产生的高成本与大工作量；可实现跨平台的操作，不会因操作系统不同或数据库的差异而出现不兼容的现象。因此，本书中采用基于 B/S 架构的系统。

2. 系统开发平台

本系统的服务器平台是 Windows7 操作系统与互联网信息服务(internet information services，IIS) 8.0，系统开发工具是 Microsoft 公司发布的 Windows 平台应用程序的集成开发环境 Visual Studio 2012，基于.NET Framework 4.5 开发环境，采用 C#语言编程，后台数据库为 Microsoft 公司的 SQLServer 2008 R2，采用语言集成查询(language integrated query，LINQ)技术对数据库进行插入、删除和更新等操作，前台控件采用 jQuery EasyUI，绘图控件采用 Hightcharts，系统采用面向对象的开发技术。

由于本系统涉及很多信号处理和模式识别算法，为了节省系统开发时间以便于将更多时间放在变压器故障诊断问题的研究上，其采用一种动态链接库(DLL)技术实现 C#语言对 MATLAB 函数的调用。MATLAB 擅长科学计算、矩阵运算以及信号处理等功能，广泛应用于数值计算、控制系统设计、信号处理、图像处理、数学建模等诸多领域。首先，采用 MATLAB R2014a 完成如傅里叶变换等处理算法.m 文件的编写，要求以 function 形式呈现，处理好输入参数和输出参数即可；其次，使用 MATLAB deploytool 工具生成.Net 组件，即 DLL 文件；最后，在 Visual Studio 2012 中采用 C#语言实现对 DLL 文件的调用。

7.4.2　变压器监测/检测数据的设计与管理

良好的数据存储和管理是变压器综合诊断系统的基础。该系统中的数据包括变压器油色谱数据、振动信号数据、局部放电脉冲电流信号数据、超声信号数据及变压器基本信息等。基于监测数据种类及各监测数据的特点，设计数据库中包括的数据表主要有用户信息表 tUserInfo、变压器信息表 tTransformerInfo、DGA训练样本表 tDGATrainSample、DGA 数据表 tTransformerDGAHistory、振动信号数据表 Vibrations、局部放电脉冲电流信号表 PartialDischarges、局部放电脉冲电流信号相位分布信息表 PRPDs、局部放电统计谱图信息表 Stats、局部放电样本信息表 PDSamples、局部放电超声信号表 Ultrasonics 等。

本书数据库管理系统选用 Microsoft SQLServer 2008 R2，来实现数据库的创建与管理。变压器综合诊断系统数据库如图 7-3 所示。

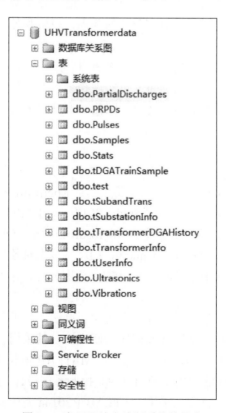

图 7-3　变压器综合诊断系统数据库

数据库中包含的数据有：原始数据，即多种监测/检测手段从变压器上采集得到的未经处理的数据；分析结果数据，包括特征提取结果、模式识别结果等在原始数据上经过分析后得到的结果数据。分析处理结果的保存是为了提高系统的反应性能，当处理方法或相关参数发生改变时，可对该部分数据进行相应更新。本系统的数据存储管理难点在于振动信号、局部放电脉冲电流信号、超声信号数据等都是连续的、数据量很大的信号数据，在本书中设计采用可变长的字符形式 nvarchar 进行存储，每个数据以逗号与其他数据隔开，这样既保证数据能完整存储，又可节约存储空间。主要数据表的设计情况如表 7-4～表 7-9 所示。

表 7-4　DGA 数据表 tTransformerDGAHistory

字段名称	数据类型	是否为空	约束条件	备注
tID	int	NOT NULL	主键	自增
DeviceID	varchar (15)	NOT NULL	tTransformerInfo.DeviceID	变压器编号
SampleDate	datetime	NOT NULL	无	采集时间
H2	numeric (9, 4)	NULL	无	H_2 含量
CH4	numeric (9, 4)	NULL	无	CH_4 含量
C2H6	numeric (9, 4)	NULL	无	C_2H_6 含量
C2H4	numeric (9, 4)	NULL	无	C_2H_4 含量
C2H2	numeric (9, 4)	NULL	无	C_2H_2 含量
CO	numeric (9, 4)	NULL	无	CO 含量
CO2	numeric (9, 4)	NULL	无	CO_2 含量
O2	numeric (9, 4)	NULL	无	O_2 含量
N2	numeric (9, 4)	NULL	无	N_2 含量
SampleReason	varchar (MAX)	NULL	无	采样原因
NormalProb	float	NULL	无	正常概率
DNPDProb	float	NULL	无	低能放电概率
GNPDProb	float	NULL	无	高能放电概率
MDGRProb	float	NULL	无	中低温过热概率
GWGRProb	float	NULL	无	高温过热概率
JBPD	float	NULL	无	局部放电概率

表 7-5　振动信号数据表 Vibrations

字段名称	数据类型	是否为空	约束条件	备注
vID	int	NOT NULL	主键	自增
WaveID	varchar(50)	NOT NULL	无	波形编号
CollectTime	datetime	NOT NULL	无	采集时间
SampleRate	int	NOT NULL	无	采样率
SensorType	varchar(20)	NULL	无	传感器类型
SensorNum	int	NULL	无	传感器数量
SensorPosition	varchar(20)	NULL	无	传感器位置
TestType	varchar(20)	NOT NULL	无	测试类型
Channel	int	NOT NULL	无	通道
TestVol	float	NOT NULL	无	测试电压
TestCur	float	NOT NULL	无	测试电流
FaultType	varchar(20)	NULL	无	故障类型
WaveData	nvarchar(MAX)	NOT NULL	无	波形数据
KNNFoultResult	varchar(1)	NULL	无	KNN 诊断结果
RVNNormalProb	float	NULL	无	RVN 正常概率
RVMRaoZUProb	float	NULL	无	RVN 绕组故障
RVMTXProb	float	NULL	无	RVN 铁心故障
DeviceID	varchar(15)	NOT NULL	tTransformerInfo.DeviceID	变压器编号

表 7-6　局部放电脉冲电流信号表 PartialDischarges

字段名称	数据类型	是否为空	约束条件	备注
pID	int	NOT NULL	主键	自增
WaveID	varchar(50)	NOT NULL	无	PD 波形编号
CollectTime	datetime	NOT NULL	无	采集时间
SampleRate	int	NOT NULL	无	采样率，单位为 MHz
Channel	int	NULL	无	采集通道
Sensor	varchar(50)	NULL	无	传感器类型
LowFreq	int	NULL	无	频带——低频 kHz
HighFreq	int	NULL	无	频带——高频 kHz
WaveData	nvarchar(MAX)	NOT NULL	无	波形数据
PeaksPhi_phi	nvarchar(MAX)	NULL	无	峰值-相位分布的相位
PeaksPhi_peak	nvarchar(MAX)	NULL	无	峰值-相位分布的峰值
Qmax	float	NULL	无	本周期最大放电幅值

续表

字段名称	数据类型	是否为空	约束条件	备注
Qave	float	NULL	无	本周期平均放电幅值
Qtotal	float	NULL	无	总放电量
Num	int	NULL	无	本周期放电次数
IsPRPD	varchar(50)	NOT NULL	无	是否已分析，默认'N'
PDTypeBySVM	int	NULL	无	SVM 诊断结果
PDTypeByKNN	int	NULL	无	KNN 诊断结果
PDTypeByBPNN	int	NULL	无	Fisher 诊断结果
PDTypeByRVM	varchar(50)	NULL	无	RVM 诊断结果
Rate2PC	float	NOT NULL	无	放电幅度到 pC 值的转换系数
DeviceID	varchar(15)	NOT NULL	无	变压器编号

表 7-7　局部放电脉冲电流相位分布信息表 PRPDs

字段名称	数据类型	是否为空	约束条件	备注
pID	int	NOT NULL	主键	自增
PRPD_ID	varchar(50)	NOT NULL	无	WaveID_WinNum 拼接
WaveID	varchar(50)	NOT NULL	无	PD 波形编号
WinNum	int	NOT NULL	无	相窗数目
QmaxPhi	nvarchar(MAX)	NOT NULL	无	最大放电量-相位分布
QtotalPhi	nvarchar(MAX)	NOT NULL	无	总放电量-相位分布
NumPhi	nvarchar(MAX)	NOT NULL	无	放电次数-相位分布
PDtype	smallint	NULL	无	放电类型

表 7-8　局部放电统计谱图信息表 Stats

字段名称	数据类型	是否为空	约束条件	备注
sID	int	NOT NULL	主键	自增编号
StatisticID	varchar(50)	NOT NULL	无	统计编号
StaQmax	nvarchar(MAX)	NOT NULL	无	最大放电量谱图特征集
StaQtotal	nvarchar(MAX)	NOT NULL	无	总放电量谱图特征集
StaN	nvarchar(MAX)	NOT NULL	无	放电次数谱图特征集
Waves	nvarchar(MAX)	NOT NULL	无	所统计波形的 ID 字符串
PDtype	smallint	NULL	无	放电类型
NumofWaves	int	NOT NULL	无	所统计的记录数
WinNum	int	NOT NULL	无	相窗数
QmaxPhi	nvarchar(MAX)	NOT NULL	无	最大放电量-相位分布
QtotalPhi	nvarchar(MAX)	NOT NULL	无	总放电量-相位分布
NumPhi	nvarchar(MAX)	NOT NULL	无	放电次数-相位分布

表 7-9　局部放电超声信号表 Ultrasonics

字段名称	数据类型	是否为空	约束条件	备注
uID	int	NOT NULL	主键	自增
WaveID	varchar(50)	NOT NULL	无	样本编号
SampleRate	int	NOT NULL	无	采样频率, 单位 Hz
WaveData	nvarchar(MAX)	NOT NULL	无	波形数据, 逗号隔开
FaultByArea	smallint	NULL	无	面积方法的结果
FaultByAmp	smallint	NULL	无	幅值方法的结果
DeviceID	varchar(15)	NOT NULL	无	变压器编号

7.4.3　变压器综合诊断系统的功能设计

根据前述理论研究, 系统功能结构图如图 7-4 所示。

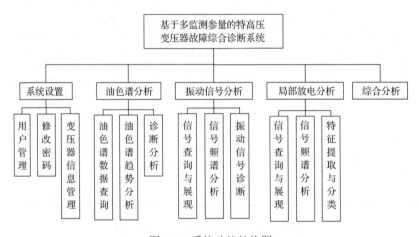

图 7-4　系统功能结构图

基于多监测参量的特高压变压器故障综合诊断系统主要包括系统设置、油色谱分析、振动信号分析、局部放电分析和综合分析五部分: 系统设置实现包括用户管理、变压器信息管理等管理功能; 油色谱分析模块完成基于油色谱的变压器故障诊断, 包括油色谱数据查询、某查询时间段的油色谱趋势分析、基于MKL-RVM 方法的 DGA 故障诊断等; 振动信号分析模块实现基于振动信号的特征提取和故障诊断功能, 具体包括振动信号的查询与展现、信号的频谱分析、基于多种方法的振动信号的故障诊断等; 局部放电分析模块主要针对变压器的局部放电信号, 分别对超声波法和脉冲电流法采集的局部放电信号数据提供查询和分析功能, 具体包括信号的查询与展现、信号的去噪处理、信号频谱分析、信号特征提取与多种方法的故障诊断分类等。

系统采用 B/S 架构, 选用 Visual Studio 2012 集成开发环境, 前台界面采用

jQuery EasyUI 和 Javascript 相结合编程的方式，后台采用 C#与 MATLAB 的混合编程模式，研发实现了基于多监测参量的特高压变压器综合诊断系统。系统采用数据访问层(data access layer, DAL)、业务逻辑层(business logic layer, BLL)、界面层(Web user interface, WebUI)的三层结构，以保证软件系统层次的分明及数据的安全性。

7.5　故障诊断案例分析

1)案例分析 1

某变电站主变，某次试验的油色谱结果中各气体的浓度如表 7-10 所示。

表 7-10　某变电站主变油色谱分析数据　　　　　　　(单位：μL/L)

H_2	CH_4	C_2H_6	C_2H_4	C_2H_2
260	8	2.5	2	0

监测到超声信号，诊断为有局部放电的可能性较大。

监测到局部放电信号，经局部放电信号诊断为有放电，可能性较大，放电类别是悬浮放电。

经 DGA 诊断，各状态的概率分别为局部放电 0.5915、高温过热 0.0044、中低温过热 0.0057、高能放电 0.0009、低能放电 0.3227、正常状态 0.0748。

没有安装变压器振动信号监测装置。

采用 7.4 节中的方法，基于各监测参量进行综合诊断，得到各种综合状态的可信度分别为局部放电 0.9628、高温过热 0.0044、中低温过热 0.0057、高能放电 0.354、低能放电 0.5592、正常状态–0.9344。综合诊断结果如图 7-5 所示。

图 7-5　案例 1 诊断结果

给出诊断结论为：发生了局部放电（可信度为 0.9628），放电类型为悬浮放电。该诊断结论与实际情况相符。

从诊断结果可以看出，综合诊断判定为局部放电的可信度为 0.9628，接近于结论肯定为真，同时正常状态的可信度为–0.9344，接近于肯定为假，与实际结果更为相符。

2）案例分析 2

某变压器某次试验的油色谱分析数据如表 7-11 所示。

表 7-11　某主变油色谱分析数据　　　　　　　　　（单位：μL/L）

H_2	CH_4	C_2H_6	C_2H_4	C_2H_2
93.5	36.7	111.2	69.4	1.1

经 DGA 诊断，各状态的概率分别为正常状态 0.6638、局部放电 0.2280、低能放电 0.0596、中低温过热 0.0365、高温过热 0.0036、高能放电 0.0085。没有监测到局部放电信号和超声信号，变压器振动信号诊断为正常。

此时，多专家协同诊断系统进行综合诊断，得到各状态的可信度分别为正常状态 0.8991、局部放电 0.1280、低能放电–0.0404、中低温过热–0.0635、高温过热–0.0964、高能放电–0.0915。诊断结果如图 7-6 所示。

图 7-6　案例 2 诊断结果

给出诊断结论为：变压器处于正常状态（可信度为 0.8991）。诊断结果与变压器实际状态相符。

从诊断结果可以看出，综合诊断判定变压器为正常状态的可信度接近于 1，信任程度很高，诊断为异常的可信度接近于 0 甚至低于 0，信任程度很低，这更符合变压器的实际状态。

3) 案例分析 3

某变压器(SFPSZ4-150000/220 型)采用 ZY1 系列国产有载调压开关。1999 年变压器在由 4 分接向 3 分接调压的过程中瓦斯保护动作。故障后 DGA 结果如表 7-12 所示。

表 7-12　某变压器故障后 DGA 数据　　　　　　　(单位：μL/L)

H_2	CH_4	C_2H_6	C_2H_4	C_2H_2
235	39.4	9.63	53.2	53.8

DGA 诊断结果：变压器的各状态概率分别为局部放电 0.0005、高温过热 0.0000、中低温过热 0.0000、高能放电 0.7787、低能放电 0.2208、正常状态 0.0000。

局部放电检测结果为有放电的可能性较小；超声信号检测诊断结果为放电的可能性较小；变压器振动信号诊断结论为正常。

多专家协同诊断系统得到各状态的可信度分别为正常状态 0.4、局部放电 0.3296、低能放电 0.2930、中低温过热–0.1、高温过热–0.1、高能放电 0.6887。

综合诊断结果如图 7-7 所示，变压器处于高能放电状态(可信度为 0.6887)。

图 7-7　案例 3 诊断结果

经查实，事故是有载分接选择开关的 3 分接头接触不良且严重烧坏，故障判断正确。诊断结论与事实相符。

从该案例可以看出，当有某个单一诊断专家诊断结论(如本例中振动信号给出变压器处于正常状态的结论)与事实不符时，综合诊断方法仍可给出正确的诊断结论。

从以上几个案例可以看出，综合诊断结果可以综合利用多种监测参量，和单一诊断结果相比，综合诊断结论更加接近变压器实际情况。

参 考 文 献

[1] 廖瑞金, 廖玉祥, 杨丽君, 等. 多神经网络与证据理论融合的变压器故障综合诊断方法研究[J]. 中国电机工程学报, 2006, 26(3): 119-124.

[2] 熊浩, 杨俊, 李卫国, 等. 多种类证据体的变压器故障综合诊断方法[J]. 中国电机工程学报, 2008, 28(28): 24-30.

[3] 郑含博. 电力变压器状态评估及故障诊断方法研究[D]. 重庆: 重庆大学博士学位论文, 2012.

[4] 魏星, 舒乃秋, 崔鹏程, 等. 基于改进PSO-BP神经网络和D-S证据理论的大型变压器故障综合诊断[J]. 电力系统自动化, 2006, 30(7): 46-50.

[5] 彭剑, 罗安, 周柯, 等. 变电器故障诊断中信息融合技术的应用[J]. 高电压技术, 2007, 33(3): 144-147.

[6] 李静, 涂光瑜, 罗毅, 等. 基于多数据源的电力变压器分层故障诊断系统设计[J]. 电力系统自动化, 2004, 28(23): 85-88.

[7] 钱国超. 大型电力变压器基于信息融合故障诊断技术的研究[D]. 重庆: 重庆大学硕士学位论文, 2008.

[8] 杜林, 袁蕾, 王有元. 应用模糊多属性理论的电力变压器故障融合诊断[J]. 重庆大学学报, 2010, 33(12): 1-7.

[9] 宋绍民, 桂卫华, 李祖林, 等. 基于多信息的变压器故障免疫诊断方法[J]. 电力系统自动化, 2004, 28(23): 85-88.